U0265313

建筑师

目录

建筑师

[建筑学术双月刊]

本刊顾问: 叶如棠
　　　　　吴良镛
　　　　　周干峙

主　　编: 王伯扬
副 主 编: 于志公
　　　　　王明贤
责任编辑: 许顺法
装帧设计: 孙志刚

编委会
主　任: 杨永生
委　员: (按姓氏笔画为序)
　　　于志公　王伯扬
　　　邓林翰　白佐民
　　　刘宝仲　刘管平
　　　吴竹涟　孟建民
　　　洪铁城　栗德祥
　　　黄汉民　常　青
　　　彭一刚　谭志民
　　　黎志涛

中国建筑工业出版社
《建筑师》编辑部编辑

封面　苏州大学文正学院图书馆
　　设计及摄影　王　澍

第96期2000年10月
(逢双月末出版)

96期

ARCHITECT

中国建筑工业出版社出版、发行

(北京西郊百万庄)

新 华 书 店 经 销

北京广厦京港图文有限公司设计制作

北京市兴顺印刷厂印刷

开本: 880×1230毫米 1/16

印张: 7 彩插: 2 字数: 320千字

2000年10月第一版

2000年10月第一次印刷

印数: 1-3,000册　定价: **18.00**元

ISBN 7-112-04494-4

TU·4022(9964)

图书在版编目(CIP)数据

建筑师.96/《建筑师》编辑部编.-北京: 中国建
筑工业出版社, 2001.1

ISBN 7-112-04494-4

Ⅰ.建… Ⅱ.建… Ⅲ.建筑学-丛刊

Ⅳ.TU-55

中国版本图书馆CIP数据核字(2000)第80191号

2000年迅达杯全国大学生建筑设计竞赛综合评价

栗德祥

今年是全国高等学校建筑学学科专业指导委员会组织的第八届全国大学生建筑设计竞赛，是改革命题之后，以"迅达杯"冠名的全国大学生建筑设计竞赛的第二届。如果说上届以"建筑系学生夏令营"为题的设计竞赛激发了广大师生的激情和兴趣，改变了前几届竞赛出现的"老样子"、"一般化"等弊病的话，那么，这次以"社区中心"为题的设计竞赛，则进一步调动了学生的积极性和创造性，对学生的设计构思有新的开拓，对学校的设计教学也有新的促进。这次设计竞赛有以下特点：

1. 新的命题引导学生通过对社会调查去发现问题，从多角度去分析问题，力求准确地把握问题的要害，采取适当的方法巧妙地解决问题。

命题中"社区"的概念是广义的概念，并非特指城市中居住区，也包括城乡结合部、乡镇、校园、牧场、渔港等，这就造成了选题的多义性、基地的多样性和限制条件的特殊性。一般来说，有创意的设计作品往往是在种种限制条件下产生的。这次竞赛，同学们不仅选择限制条件复杂的基地环境，还在主观上自觉地进行自我限制，提出独特的构思和意念。例如：街坊邻里的社区中心、"无"建筑的社区生态公园、"暖流"、"居民参与营造社区中心模式"、"深呼吸"、"潮起潮落"、"新与旧的共生"、"生长·韵律"、"诊治与整合"、"社区中心地铁共同体"、"缝合城市的伤口"、"城市边角料空间的利用"、"科技富民号"、"自然的数字化生存"、"四季廊街"、"快乐巴士"及"云中散步"等。这些主意无疑都给设计作品带上了创造性和特色。

2. 与上届竞赛一样，本届评选邀请了几位国内著名设计院的总建筑师参加，提高了评选质量，增强了学校与社会的交流，使评选工作更公平、更客观和更具权威性。建筑师们观察和分析问题的角度以及对评选标准的把握，给我们教师很大启发和帮助。评选工作后，又对设计竞赛中存在的问题提出了中肯的意见，对今后设计竞赛如何更好地运作提出了有益的建议。

这次设计竞赛继续得到各院校的大力支持和踊跃参加。全国有74个学校(含香港大学、中文大学)参加并十分认真地组织了这次竞赛，3500多位在校三年级大学生参加了这次竞赛，占在校建筑学专业三年级学生总数的90%左右。按照设计竞赛规则，参赛图纸先由各校自行评图，从中选拔10%的优秀方案参加全国评选。评委会共收到参赛方案349份，经过技术预审组预审和评委会终审，发现有45份方案有违规问题，最终有效方案为304份，交由评委会评选。由6名教授和5名国内著名建筑师共同组成的评选委员会，经过两天的认真评选，通过7轮无记名投票，产生了3名一等奖，6名二等奖，8名三等奖和43名佳作奖，共60份方案入围获奖，获奖者约占全国参赛学生总数的2%。共计有20所学校分享了这些奖项。

评委们认为，这次竞赛总体上是成功的，评选是公正的，达到了预期目的。

由于建筑设计方案的多解性，设计意念表达的抽象性，加上各校参赛作品水平接近，增加了选拔的难度。评委们对命题的理解，评选标准的把握以及观察问题的角度都不尽相同。方案量大，评选时间有限，不可能每个方案都看得很细。采用模糊判断、优选与淘汰相结合的方法，在总体上保证了评选的公平和准确，但在深层特色的挖掘上确实存在不足，以致在中选方案中个别作品不尽人意，在落选作品中有若干闪光点被忽略了，这是令人遗憾的，这些问题在今后的竞赛和评选中将进一步研究改进。

栗德祥，全国高等学校建筑学专业指导委员会副主任，清华大学建筑学院副院长、教授

2000年迅达杯全国大学生建筑设计竞赛获奖名单

一等奖

序号	获奖学生姓名	学 校	指导教师
1	苏云锋	重庆建筑大学	顾红男 沈德泉
2	高 宇	重庆建筑大学	刘彦君 谢吾同
3	盛 强	哈尔滨建筑大学	黄勇 魏建军

二等奖

序号	获奖学生姓名	学 校	指导教师
1	刘可南	同济大学	吴长福、袁烽
2	胡友培	东南大学	赵辰
3	杨秋妮	天津大学	王蔚、庞志辉、王迪
4	陈 俊	重庆建筑大学	黄天其、谭文勇
5	张韶明	浙江大学	张应鹏
6	缪晓秋	东南大学	张宏

三等奖

序号	获奖学生姓名	学 校	指导教师
1	李智捷	深圳大学	何川
2	李燕群	香港大学	陈翠儿
3	高 岩	清华大学	饶戎
4	陈志翔	东南大学	吉国华
5	宋 霞	郑州工业大学	范文莉、贾新锋、唐保忠
6	邓文华	重庆建筑大学	黄天其、谭文勇
7	王 浩	同济大学	吴长福、戚广平、袁烽
8	汤艳丽	重庆建筑大学	顾红男、沈德泉、田琦

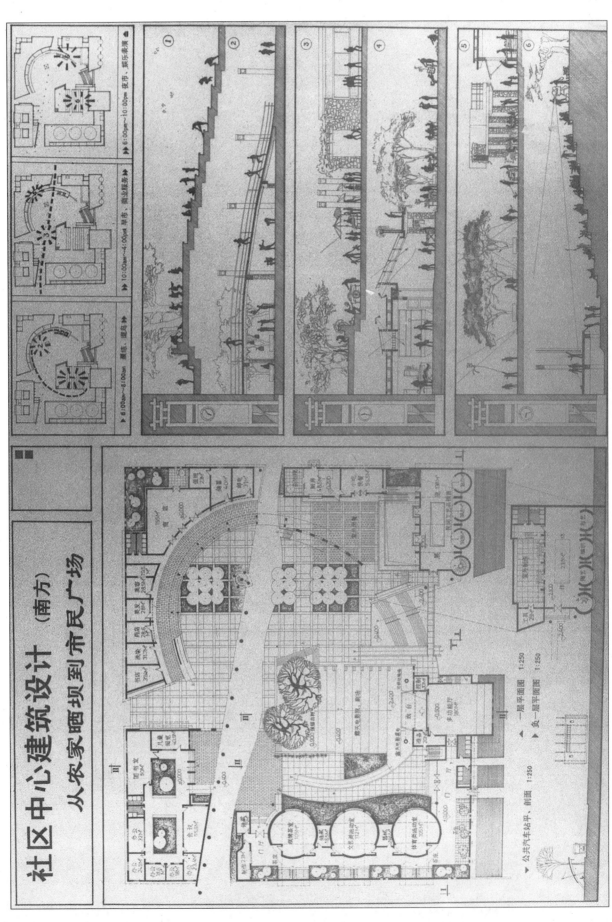

建 筑 设 计 竞 赛 获 奖 方 案 选

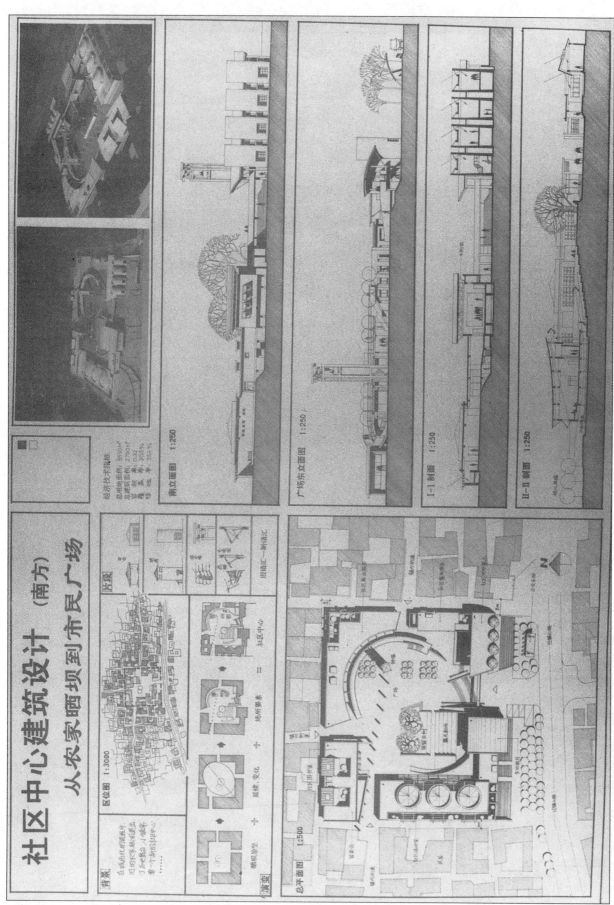

社区中心建筑设计（南方）

从家晒坝到市民广场

南立面图 1:250

广场东立面图 1:250

1-1剖面 1:250

Ⅱ-Ⅱ剖面 1:250

区位图 1:3000

总平面图 1:500

一等奖　苏云锋　重庆建筑大学　指导教师　顾红男　沈德泉

古街新曲 社区中心建筑设计 ◎○

二○○○全国大学生设计竞赛　南方

模型照片一　内部庭园

模型照片二

区位图 1:2000

设计说明

背景：选址于南方某山地古镇花落的水运码头。
一地域：
二文脉：发扬古镇的人文文脉，古镇民居肌理的自然文脉。
策略：
一地形：结合山地，分层金白，随带双坡。
二聚落：形成庭基通红的立体善报系统。
三肌理：化大为小，融入古镇肌理。
四街巷：贯初是坡道古镇轴线相似，模拟多重水网的行车的街的。
五功能：结合社区需求，成咸多元化的社区场所。
六新式：提烁传统形式，形成咸新与旧的村络。

经济技术指标

基地面积　9127.9㎡
建筑面积　2734.5㎡
南基率　25.5层
容积率　0.305
绿地率　32.4%

总平面图 1:500

3-3沿街立面图 1:300

东北立面图 1:300

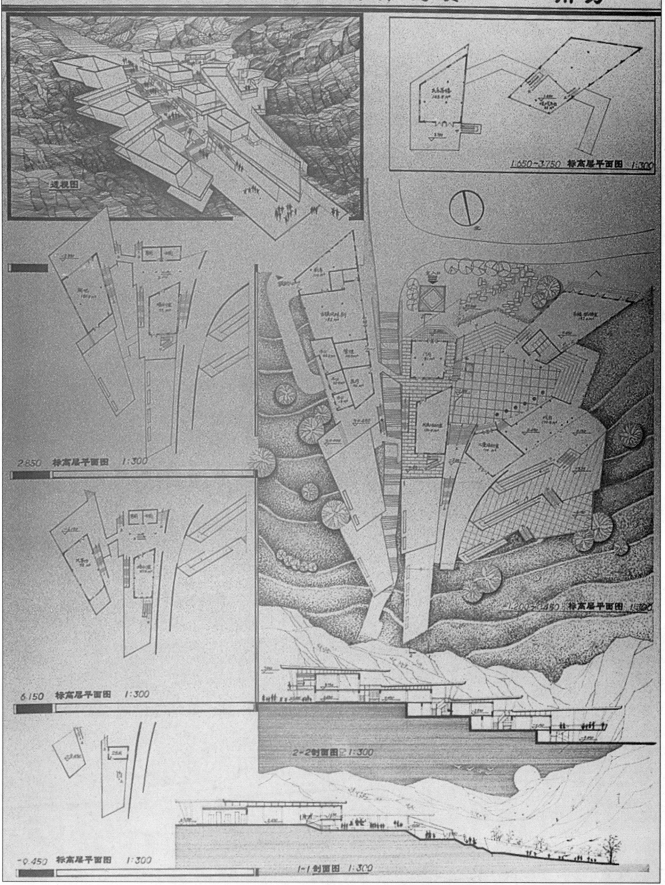

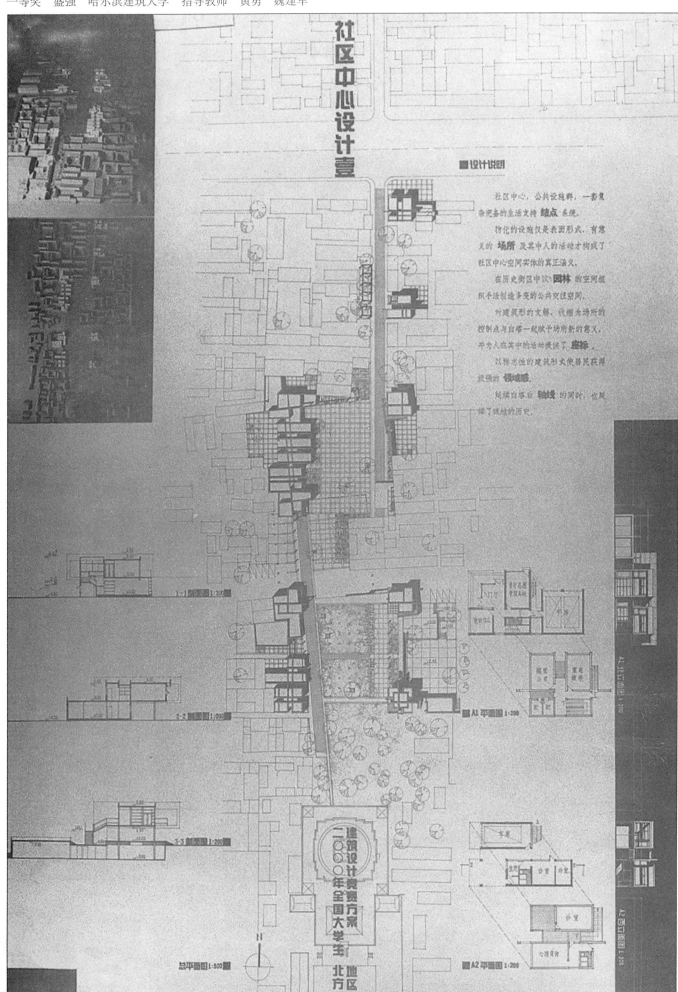

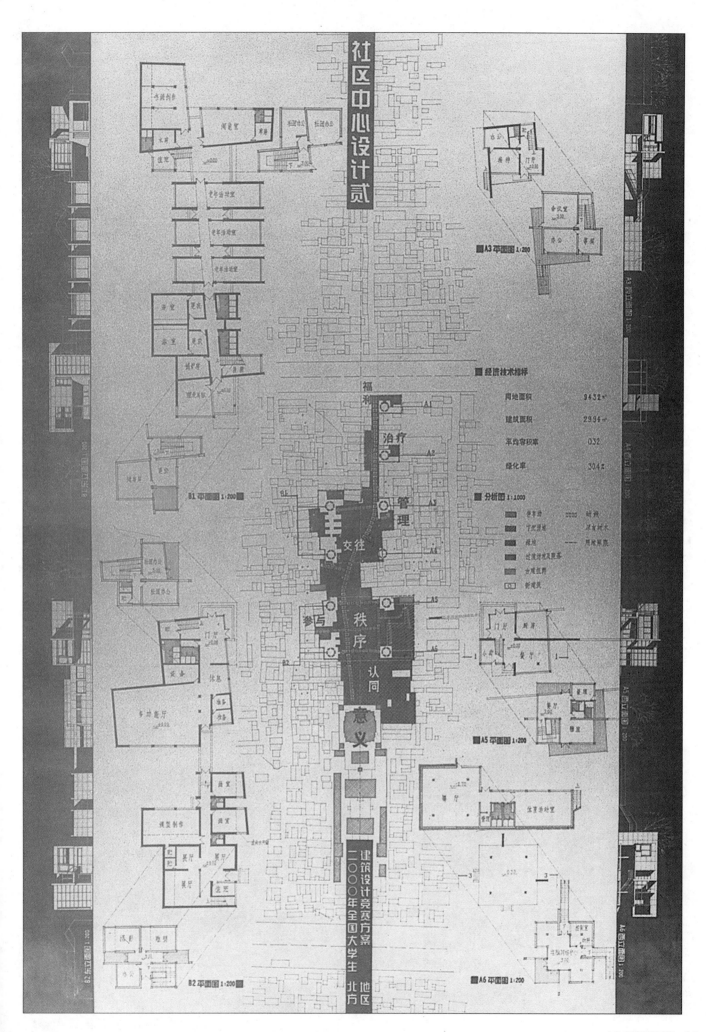

社区中心设计贰

建筑设计竞赛方案 二〇〇〇年全国大学生 北方地区

A3 平面图 1:200

经济技术指标

用地面积	9432㎡
建筑面积	2994㎡
平均容积率	0.32
绿化率	30.4%

分析图 1:1000

福利
治疗
管理
交往
参与 秩序
认同
意义

A1
A2
A3
A4
A5
A6

B1 平面图 1:200

B2 平面图 1:200

A5 平面图 1:200

A6 平面图 1:200

二等奖　刘可南　同济大学　指导教师　吴长福　袁烽

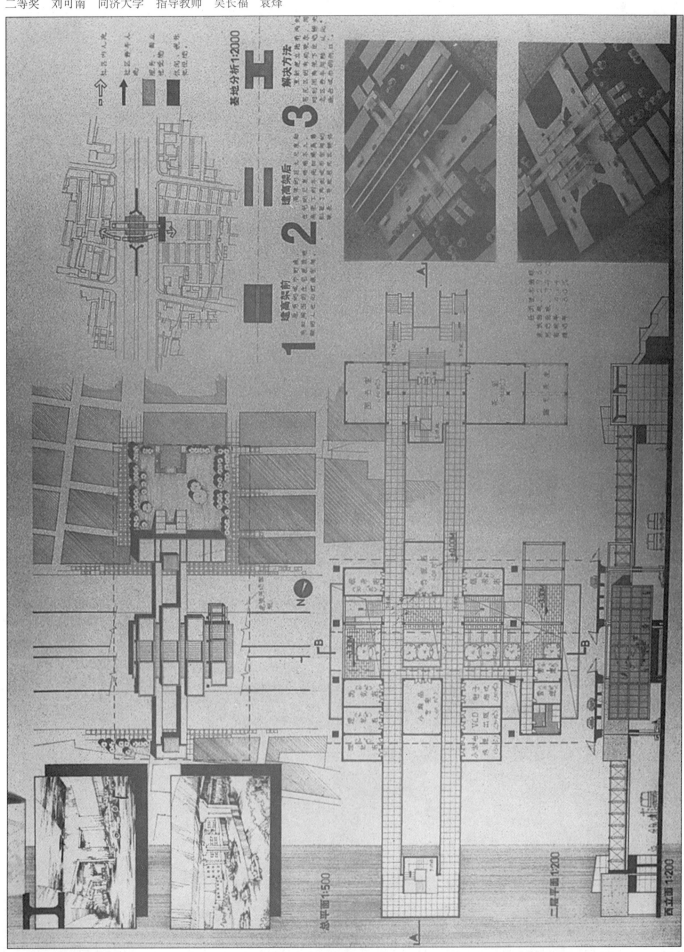

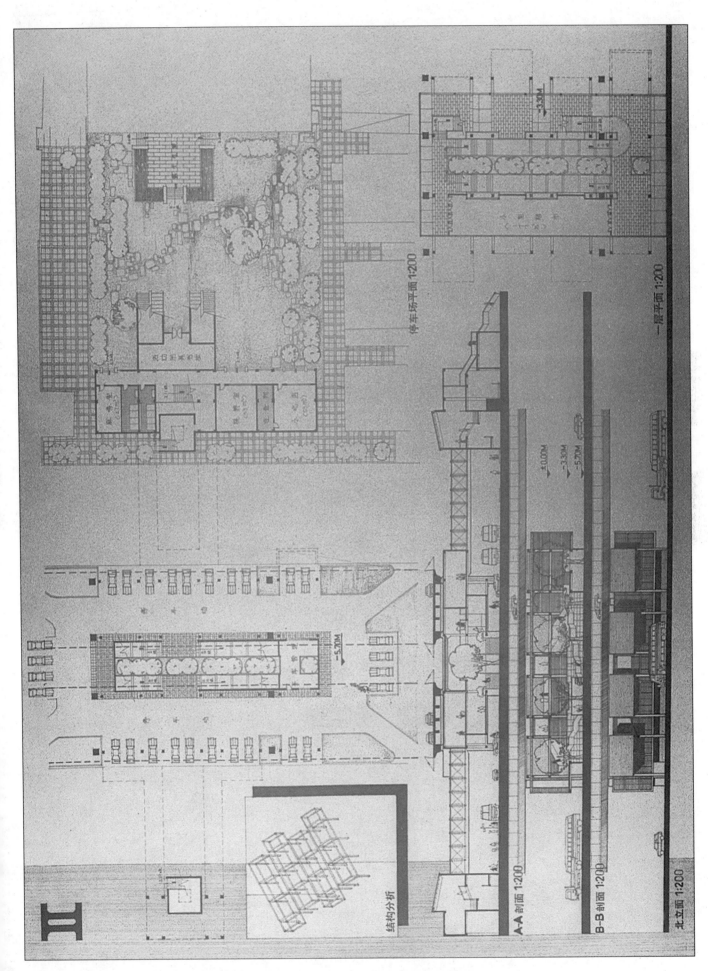

停车场平面 1:200

一层平面 1:200

±0.00M
−3.30M
−5.70M

−5.70M

结构分析

A-A 剖面 1:200

B-B 剖面 1:200

北立面 1:200

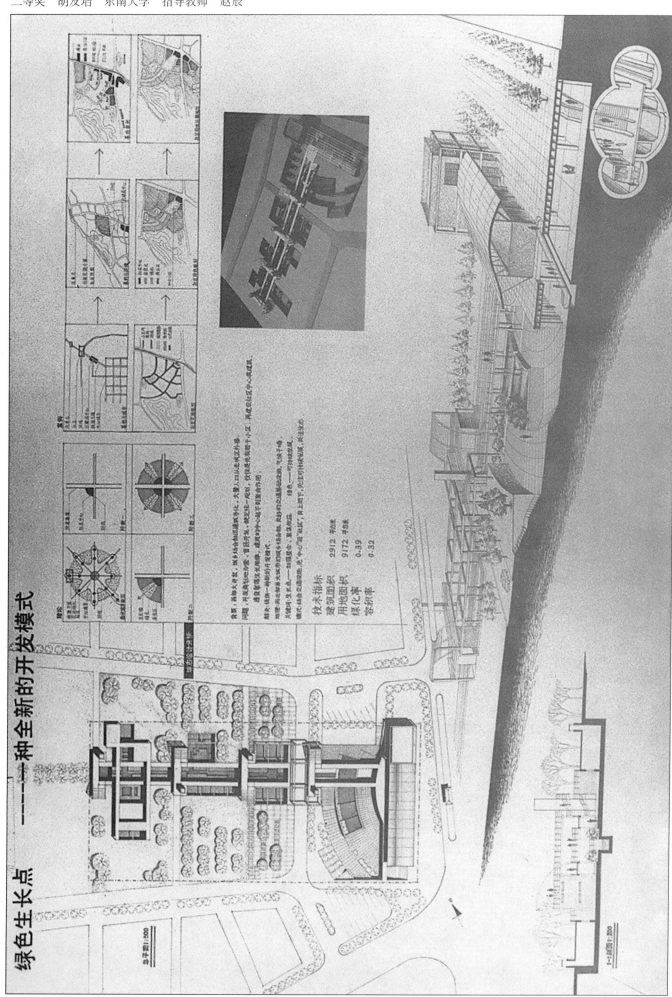

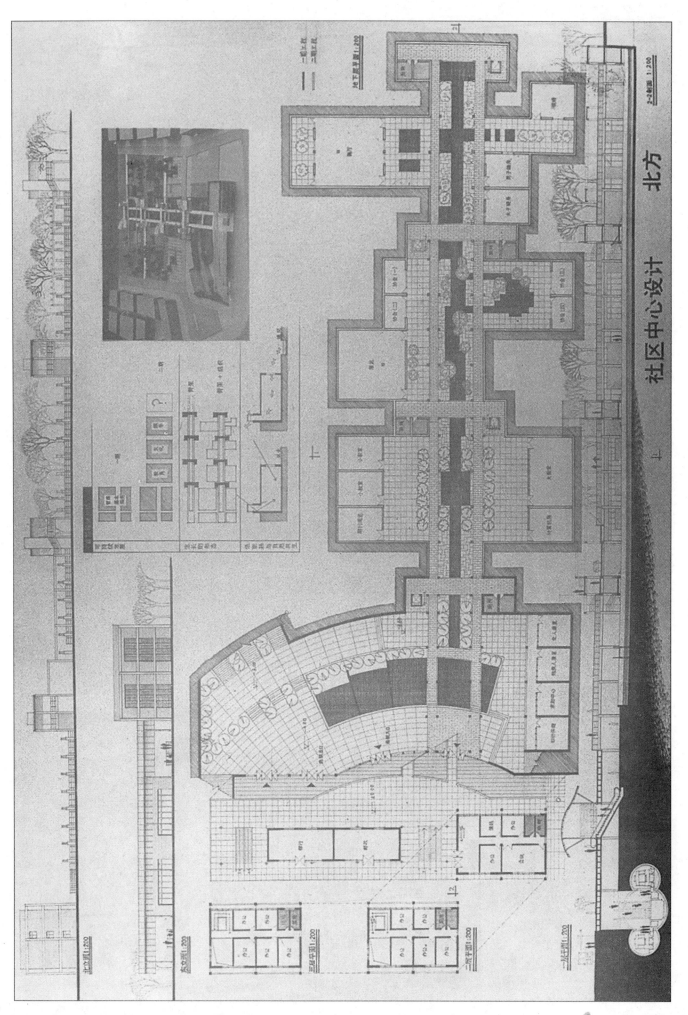

社区中心设计　北方

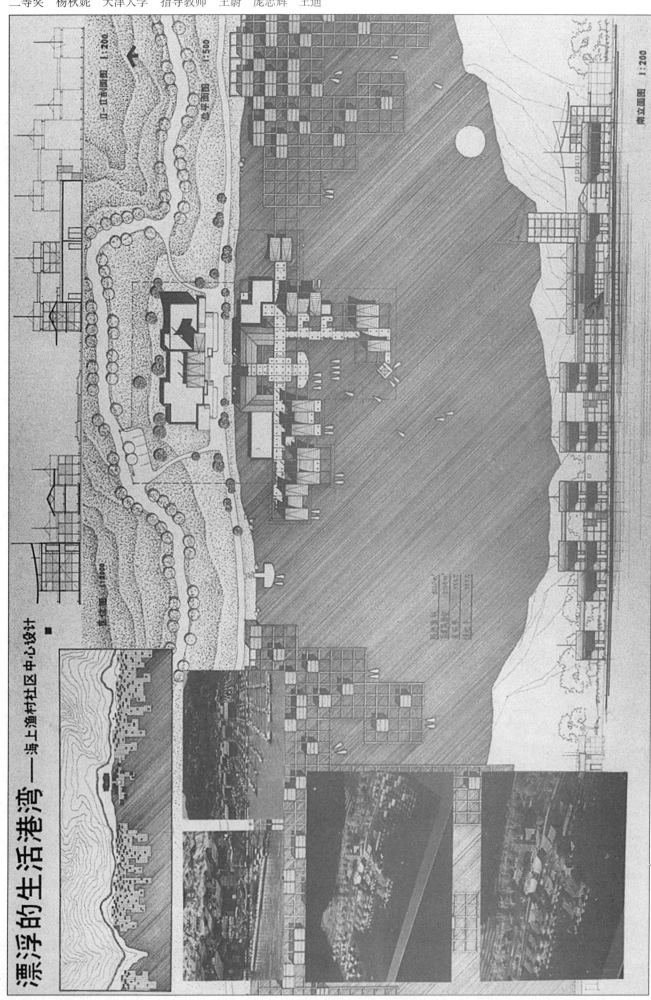

二等奖　杨秋妮　天津大学　指导教师　王蔚　庞志辉　王迪

漂浮的生活港湾——海上渔村社区中心设计

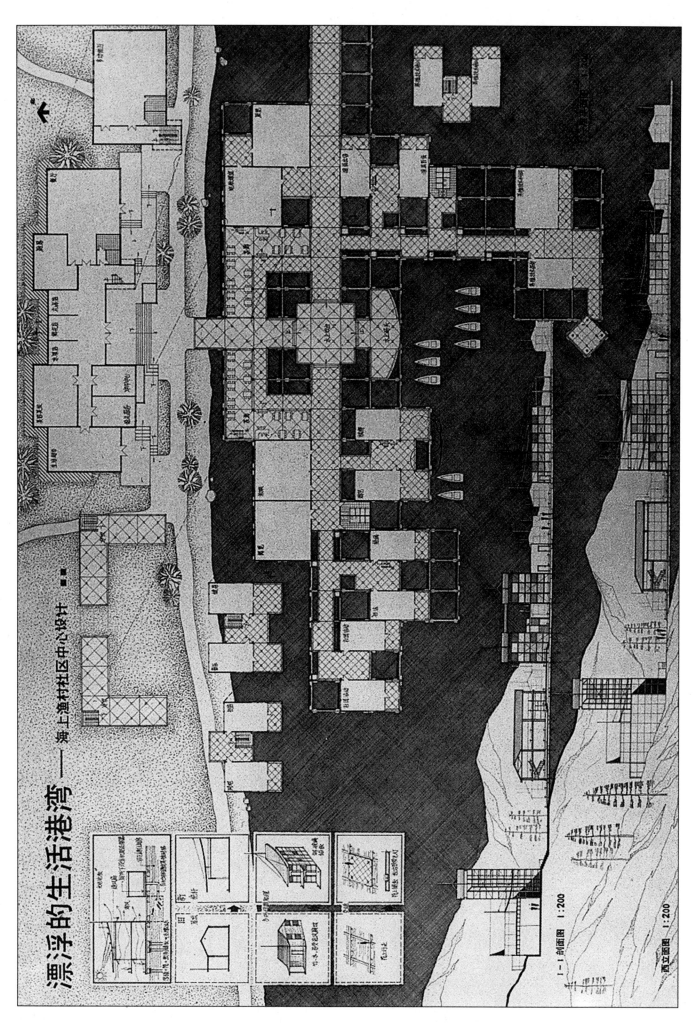

漂浮的生活港湾——海上渔村社区中心设计 图瞳

I—I 剖面图 1:200

西立面图 1:200

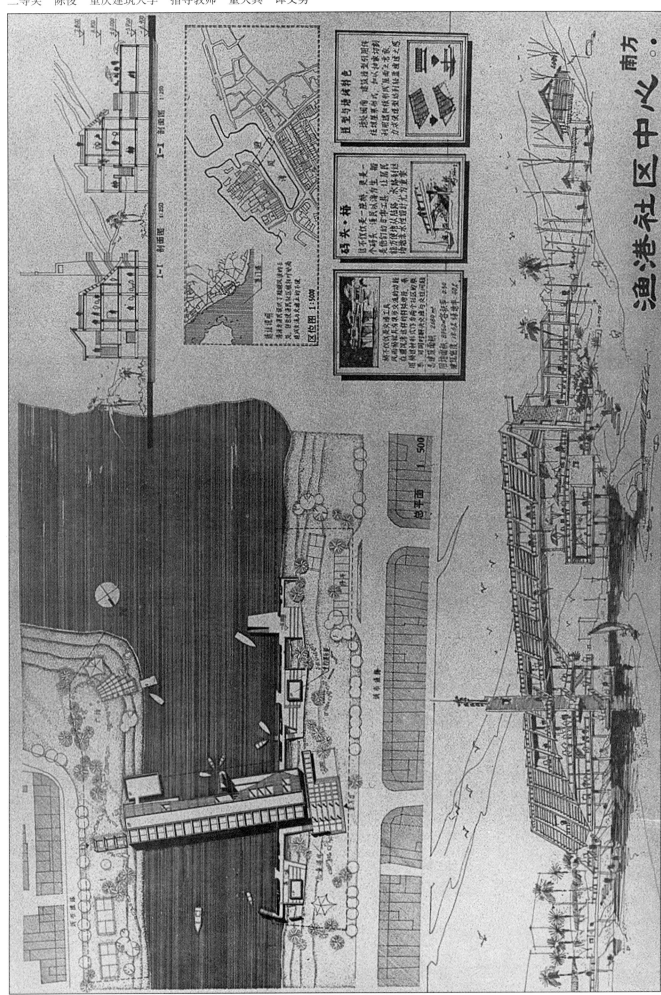

渔港社区中心·南方

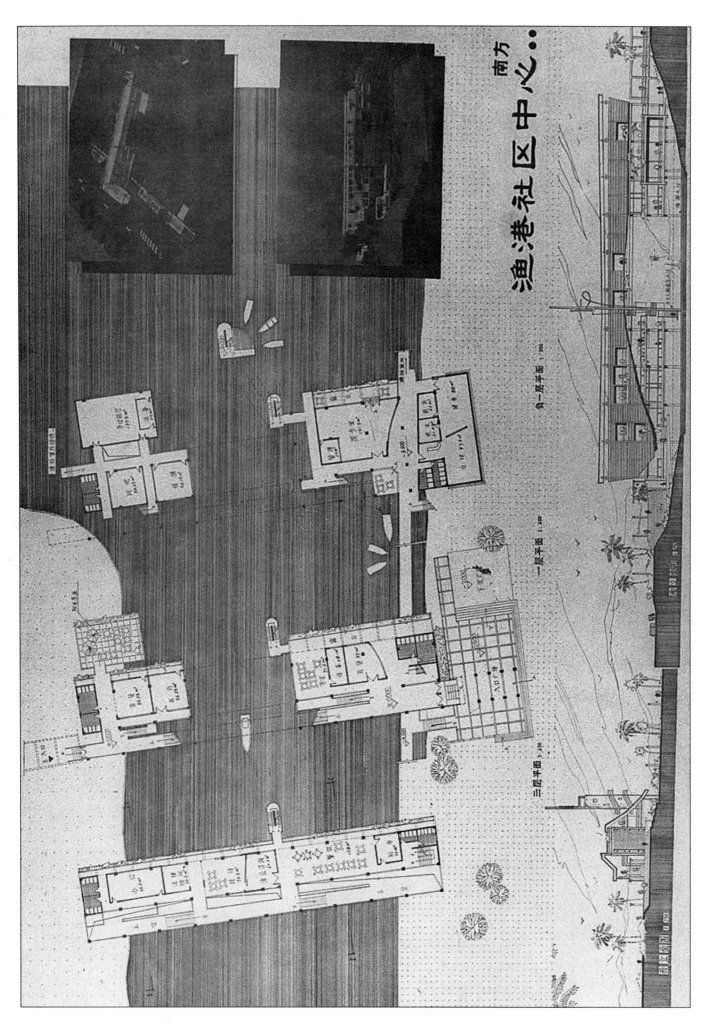

南方

渔港社区中心...

一层平面 1:200

三层平面 1:200

一层平面 1:200

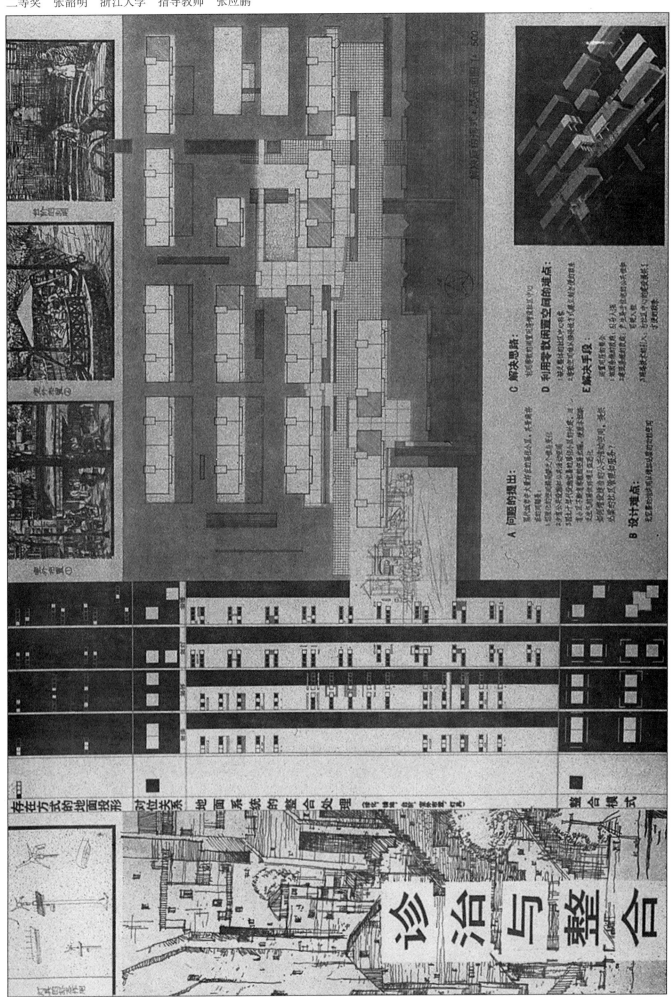

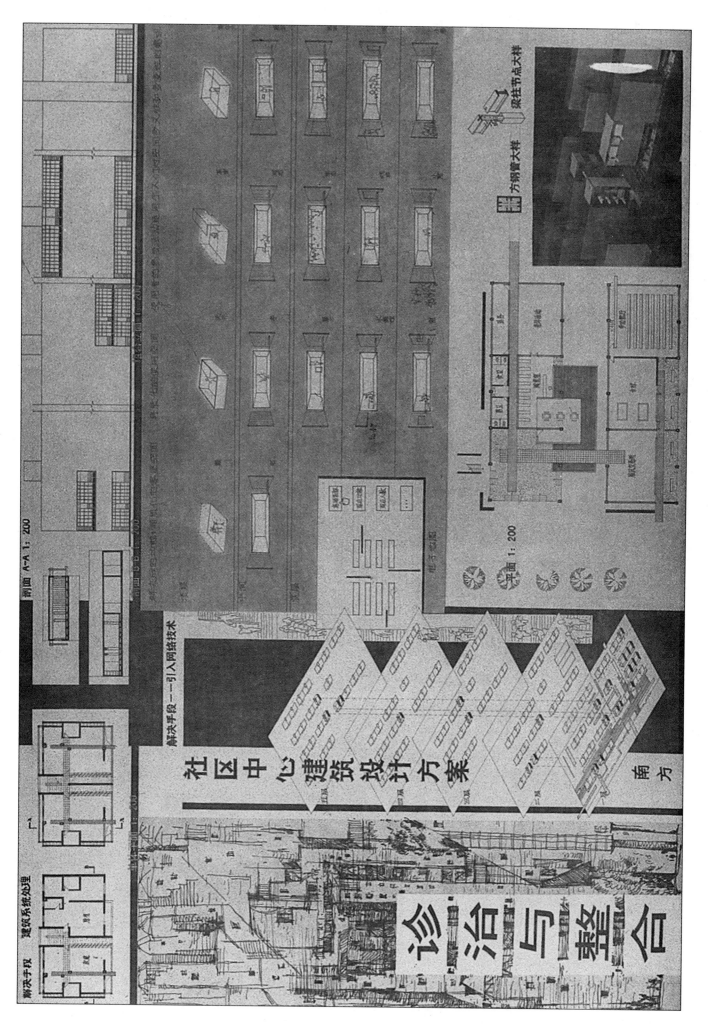

二等奖　缪晓秋　东南大学　指导教师　张宏

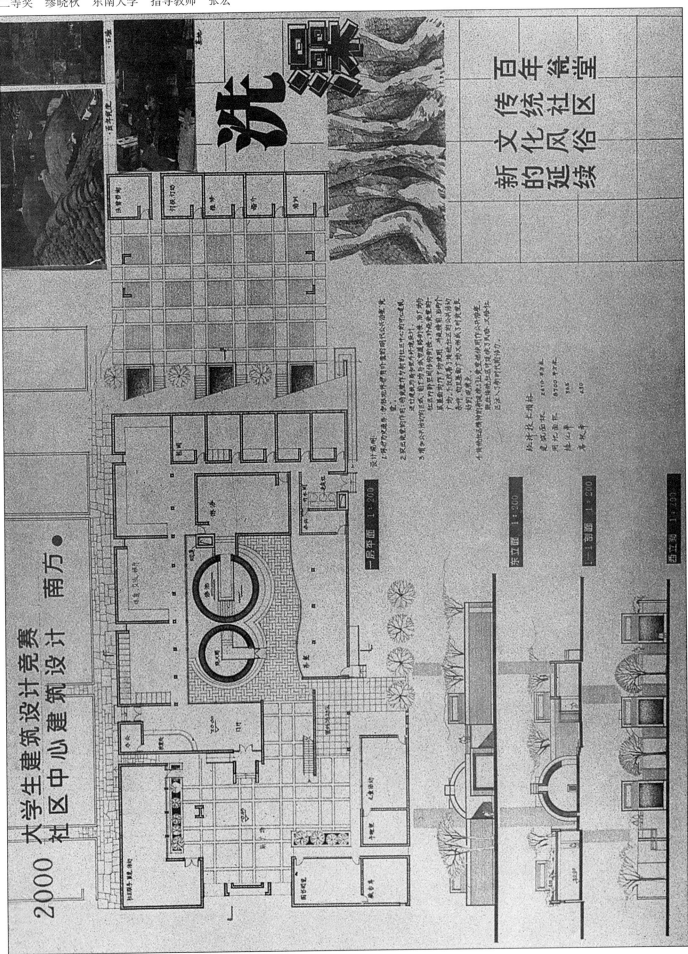

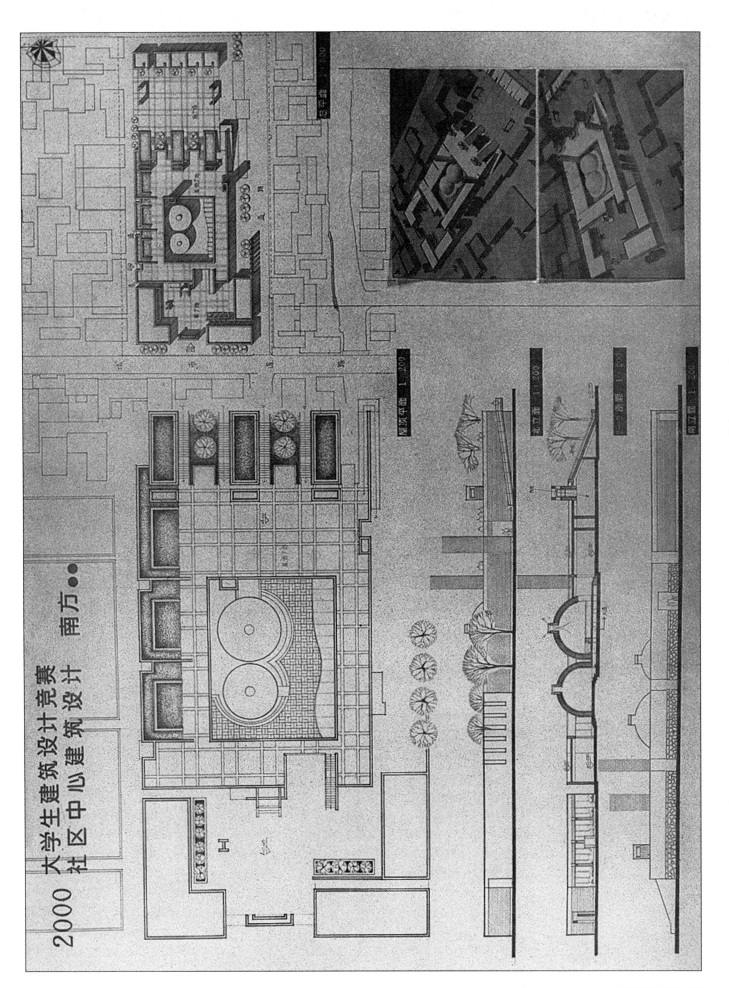

2000 大学生建筑设计竞赛　南方...
社区中心建筑设计

环境心理、行为研究与建筑考古

何晓昕

前言

二战以来，环境心理、行为研究风起云涌，几乎渗透到社会科学的各个学科，并被誉为当今最长寿的研究，同时它意味着是各个学科内的新生力量。一字概之：新。建筑考古考察的却是过去的人、事和物，关注的是旧。然而当今西方考古学家却将此二者结合起来。结合点是：研究过去的人、事和物需要通过研究过去的行为和环境。此种理论或为新颖、或为各学科交叉的结果而归为旧瓶装新酒。笔者在此要讨论的却是考古学家由此提出的环境行为研究对建筑考古分析方法的启示。

比如美国考古学家唐纳德·桑德斯(Donald Sanders，1990)认为环境心理、行为研究至少从以下几方面对建筑考古分析方法予以启示：①环境行为互相影响的模式；②决定居住空间形式和使用的因素；③符号学对文化习俗研究的成果；④环境行为、心理研究学者对文化习俗研究的成果。本文将依桑德斯的这些论点逐一展开。采用的主要方法则基于对近年来环境心理、行为研究相关文献的综合评述和分析。目的在于寻出一些能看得见的有益于我国建筑考古研究的方法，是为抛砖引玉。

环境行为互相影响的模式

一般说来，环境行为研究中存在两个基本范例(paradigm)。其一将环境与行为视为两个各有特色的不同实体，比如环境决定论认为环境决定人类行为，环境行为互动论认为环境与人类行为互相影响，并且他们都将环境与行为看作两个实体。其二将环境与行为视为同一实体，比如环境执行论也认为环境与人类行为之间存在互相影响的过程，但却将环境与行为看作同一系统中不可分割的实体(Choi，1993)。尽管众说纷纭，近年来，环境行为互动论及环境执行论都受到建筑环境心理学家的重视。不管是两个实体还是一个体系，互动模式认为环境和行为互相依赖、互相限制，强调了人与建筑环境的交互作用。此模式还引入文化和适应概念。既让人们认识到文化因素的重要性，又使人类行为的作用得以体现。正是这种互动模式为考古学家研究古代文化提供了理论基础：研究过去的人、事和物可以通过研究过去的行为和环境。

决定居住空间形式和使用的七大要素

研究表明，决定居住空间形式和使用的因素主要有如下七项：气候、地形、材料、科技水平、经济资源、功能和文化习俗(Sanders，1990)。如表1所示，这七大因素可划分为三大范畴：自然决定范畴，如气候和地形；文化决定范畴，如功能和文化习俗；变理范畴，如材料、科技水平和经济资源。反推，挖掘出来的建筑遗址呈现的也是一个复杂的画面：即整个建筑从建成到毁坏时所经历的文化习俗、建筑形式、结构、材料等。于是，研究古建筑遗

决定居住空间形式和使用的七大要素 表1

自然决定范畴	文化决定范畴	变量范畴
气候	功能	材料
		科技水平
地形	文化习俗	经济资源

址也就应该是对这几大要素的综合分析。

不幸的是考古学者们却面临困境。一方面，关于文化的研究影响巨大，他们早已领会到文化范畴的重要；另方面在考察古建筑遗址时，另两个范畴(自然决定范畴及变量范畴)却易于观察和记载。于是，在实际工作时，文化变成一个虚的看不见的东西常被忽略。这也是我国古建筑考察中常见的问题之一。我们所接触到的古建筑遗址考古报告谈的多属于自然决定范畴及变量范畴。虽然文化在我国古建研究中日益受到重视，甚至有过多之嫌。但所谈的文化或太泛或太玄，是一种远距离的、"虚"的考察，与具体的古建筑脱节。比如，关于西周凤雏遗址，谈的是泛泛的西

周文化而没有从遗址本身去发现那时的文化习俗。

如何从古建筑遗址本身来发现古时文化的含义?下面从环境行为研究对文化决定范畴的两大要素的考察开始讨论。

功能:环境行为研究认为,建筑既是一个具有实际功用的客体又是一个有意义的文化单位。因此,功能包含两个方面:"纯"的使用功能和暗示的概念上的"功能"。行为反应主要基于对后者的领会和期待(Lynch,1960)。因此解析功能时可以推导出某些人类行为。这给通过推测古建筑遗址内房屋的功能来推测当时的人类行为提供理论依据。

文化习俗:建筑环境由一系列的、建造者的"设计"来决定。因此它必须符合建造者的世界观和文化价值观从而提供可以满足建造者行为的场所。对使用者来说,建筑所提供的物质环境处处让人联想起社会习俗和准则。比如,建筑可以通过在特定的场所设置一些能够让行为重复进行的"暗示性"物件,使社会习俗显而易见而可以观察。因此,许多环境与行为研究学者,如著名的阿莫斯·拉波波特(Amos Rapoport,1980)教授认为建筑和场所可以制约行为。换句话说,建筑环境影响使用者的行为。于是,考古学者可以通过调查古代行为来挖掘文化习俗。何以从古建筑遗址中观察到古代行为?这便是符号学和环境心理、行为研究的贡献之一。

符号学对文化习俗的研究

关于符号学的起源、目的和意义,此处不再赘述。其启发建筑学研究的基本前提是:像语言一样,建筑由可以交流信息的符号系统组成。而这些信息由特殊的文化习俗来传递。那么,也可以像语言一样,可以通过破译符号编码来阅读和理解建筑。

推论之一便是:人类对建筑环境的反应基于对编码含义的反射而来。编码则由不同的因素组成,如:形式、结构以及对功能的期待。

举一个简单的例子:当你第一次访问朋友的居所时,即使你对其室内摆设一无所知,一旦步入其中,根据特殊的编码以及它们的重复出现等,你便很快能意识到哪儿是公共空间,哪儿是秘密性区域,还有室内的大致关系,也就是说,你虽不能描述出居室的具体细节,却可以了解建筑

空间组织和使用空间的大致构架。从而在不同的区域作出不同的行为,也可预测对方的行为,如对方将如何对待你。

那么是什么帮你解读了居室?室内的细节反映的是居住者的个人价值观,但建筑空间组织和编码却反映了广泛的文化习俗。基于文化习俗之上的期待以及重复出现的符号便是帮你解读居室的暗码。这种解读便帮你在陌生的环境中也能作出合乎时宜的行为。

研究还表明,理解建筑的符号信息不仅依赖于重复物的出现,还依赖于传递该符号的上下文脉、语境结构。所谓对建筑的最初反应也是对建筑的上下文脉、语境结构的反应(Moore,1979)。

桑德斯(Sanders,1990)将符号学对分析建筑和行为的贡献总结如下:第一,所有的建筑都具有含义并传递含义,这种含义既独立于建造者的意向,又包含建造者的意向;这对研究古代居住建筑的影响是,考古学者不必为研究文化习俗和使用者的反应而通晓"建筑师"或"建造者"的所有信息;就是说,在没有足够文献记载的情况下,考古学者也可考察文化习俗;第二,含义由复出物的符号系统传递并由上下文脉决定。第三,编码含义的成立得力于接受到的文化习俗;第四,编码为期待的行为反应提供暗示。

许多学者如杰弗里·勃罗德彭特(Geoffrey Broadbent,1977,1980)、翁见托·埃科(Umberto Eco,1980)、阿莫斯·拉波波特(Amos Rapoport,1982)都从哲学层面上对符号学关于建筑的理论进行质疑。比如,如何定义建筑的编码,符号的结构内容是什么,为什么建筑的含义随时间而变?但本文感兴趣的是其为建筑和行为架桥的理论。于是可在考古中观察文化习俗:既然所有的行为都有其空间构成,那么可以通过研究上下语境结构关系、复出物件等来研究古代建筑,展示古代行为,从而推测、解释或证明古代文化习俗。

不过,符号学关于建筑只是一种理论,其假说最后由环境心理学家付诸实践。环境行为(EB)、心理学(EP)对文化习俗的研究

环境心理学、环境行为学

从某种程度上说。环境心理学一直处于一个学科"建立"阶段。有人视之为心理学的分支,有人视之为环境行为研究的

分支，有人视之为心理学和其他学科的交叉。这其他学科则包罗万象，诸如：生物、地质、地理、化学、物理、法律、经济、社会学、历史、哲学、建筑、行为研究等。而最近一期的环境心理学杂志推出文章，对欧美1995年以来11位环境、行为、社会心理研究学者的六本专著进行评论。六本著作中有五本以环境心理学为主标题，一本以环境行为为主标题(Sime,1999)。由此推断环境心理学之日趋成熟。然而，虽然许多学者认为环境行为(EB)、心理学(EP)有所不同，如环境行为更注重物质和社会文化环境以及人—环境的关系，在许多情形下人们仍将环境心理、行为研究合称为环境心理、行为研究。此处依然沿用。

环境心理、行为学者面临的问题之一便是如何准确而客观地评估使用者对建筑环境的反应，以及如何证明建筑符码对人类行为反应负有直接责任。他们亦通过证明上下语境结构关系、复出物件、行为暗码的传递以及符号的含义的重要性而得出与符号学相符的结论。

环境行为学者还进一步将一些具体的术语引入研究。对建筑考古最有启示意义的便是决定"文化习俗"的四大空间行为要素：个人空间、领地、私密性规则和边界控制。这些要素也是环境行为学者的热门话题，前面提及的1995年以来欧美的六本书籍，几乎本本对之都有论述。而这里则围绕其对建筑考古的启示逐一谈之：

个人空间：个人空间理论可追溯到20世纪30年代动物学家的"作战距离"概念(Katz,1937)。生物学亦对之有所探索(Hediger,1950)。所谓作战距离，指的是生物允许敌人靠近的距离，如敌人进入此"距离"，生物或逃离或反击。H.Hediger还用个人距离和社会距离来表述维持物种间的可接触和不可接触的空间规则。个人距离指物种间的可接触的最小限度空间距离，而社会距离则指不可接触的最大限度距离。以上是对动物行为的考察。而将此理论引入人类行为研究的则首推美国人类学家艾德华·霍尔(Edward Hall)。霍尔的理论因其两本名著《无声的语言》(The Silent Language,1959)和《隐藏的尺度》(The Hidden Dimension,1966)而影响深远。他也因此被誉为环境行为研究的五位先驱者之一(Bechtel,1997)。

霍尔在二战之后受雇于美国国立部门，目的在于研究不同文化，如德国、日本的行为。作为人类学家，霍尔不仅发现行为特征与距离有关，如在不同的距离内个体方能闻、触摸、感受到对方热量和辨认对方面孔。这些距离也分别被定义为嗅觉距离、触摸距离、热量距离和视觉距离。于是身体间的距离被分为亲近距离（1.5英尺以内）、个人距离（1.5~4英尺）、社交距离（4~12英尺）和公共距离（12英尺以上）。重要的是他还发现不同的民族和文化对个体周围的感官区又有不同的运用。在上述的距离区域内，人类行为一方面具有文化的普遍性，一方面又具有文化的特殊性。不同的文化习俗对距离的尺寸要求不同。换句话说，即不同社区在使用空间时的不同行为和心理要求反映了不同的文化习俗和规范。由此推论：建筑环境的组织是一个文化的决定并且潜意识地反映了世界观。这种结论对人与居住空间的研究有双重意义：第一，建筑空间的组织反映了建造者的文化观；第二，对研究者来说获取人、建筑的关系并不一定必须观察使用者本身。对文化群体的观察可以代替之。

霍尔的理论得到行为、心理学者的广泛注意和更深入的研究。虽有不少人怀疑和反对，如欧文·奥尔特曼(Irwin Altman,1975)（该问题的讨论很有意义，限于篇幅，此处从略）。其理论在总体上对理解行为具有指导作用。桑德斯认为实验心理学家T·马修·乔韦克(T.Matthew Ciolek, 1980)及环境心理学家托尼·萨克斯·法伊弗(Toni Sachs Pfeiffer,1980)对个人空间理论及其讨论的综合对古代行为研究尤为重要。桑德斯(Sanders,1990)的结论是：个人空间有如下几条特征：看不见的边界距离与个体有关；边界标明了可接受的行为的一系列同心区域；每个个人空间区域距离的尺寸随着行为场景的变换而变；各个区域距离之间的影响程度可以通过空间组织和半固定的物件来缓和；如果没有预告和邀请，区域距离受到侵犯的话，压力产生；区域和边界控制根据私密性来调节信息流通。

这些特征为环境行为研究提供了具体的方法，对建筑考古的启示是：古代行为可通过考察古建筑环境上下语境结构、形状、尺寸、方位、边界和空间组织来发掘。换句话说，从考古遗址中的建筑和工艺品的形状、尺寸、方位、边界和空间组织等可以推测、解释或证明古代文化行为习俗。

领地："领地"一词最早用于有关鸟类的空间行为(Howard,1948)，然后用于鱼类等其他动物行为。因记者R·阿德里(R.Ardrey)1966年的畅销书《领地的祈使》(The Territorial Imperative)而通俗化。它特指一种与地理区域相关的空间行为，此行为赋予自己对某一特定区域的拥有权。它者入侵时必将防卫之。

领地亦是环境行为研究中一个重要的话题。诸多学者对之有详尽的讨论。这里则简要摘取桑德斯(Sanders,1990)对这些研究的总结：①领地的规模、尺度可随时间而变化；②领地的尺寸、位置由社会物质环境的上下语境结构决定；③领地的记号可以是概念意义上的或物质意义上的、语言上的或非语言上的；④因为领地的记号由可接受的符码决定，符码则因文化而异，故领地的拥有权由文化习俗决定。一旦符码被接受，领地则在社区中充当维持社会稳定的角色。这种角色通过提供可接受的社会行为的暗示来实现；⑤其他相关研究如对期待、符码信息传递以及社会控制规则等的研究可以帮助理解领地行为。

领地的类型众多，不同类型则持有不同的行为规则和符号系统。其中领地的记号对可期待的行为规则具有决定意义。一般说来，为了加强行为的合宜性，公共性质愈强的领地需要的记号愈多。如博物馆、银行、法庭等公共空间里的那些不准入内的拉绳、指示牌、高低不同的地面等重复出现成为对广大群众行为规则的指导信号。而私密性较强的领地记号则较少但更为复杂且较多依赖文化习俗规则。如居住等公共性较低的空间里，行为常由可接受的文化习俗来决定，符号系统亦更为精致。这对建筑考古的启示便是：在考古遗址中，可以通过考察不同领地的记号来推测领地的特性从而推测文化习俗。

私密性：欧文·奥尔特曼(Irwin Atman,1975)是较早强调私密性的重要性的环境研究学者之一。他将私密性定义为一种自我通道(access to self)。这通道可以是视觉上的、听觉上的以及信号上的。当领地受到侵犯时，个体的私密性丧失。可见私密性与领地的概念有重叠之处。在建筑环境中，还因私密性而产生室内、室外空间的不同对待，过渡空间亦成为建筑组织的重要部分。说明私密性与领地、个人空间、边界等密切相关。但私密性的控制又往往超越地理区域，如照片、往时的谣闻、未来的事端等其他非地域、

空间概念都可导致私密性的丧失。

环境研究学者还发现许多私密性控制的技巧和规则都直接反映于建筑环境的空间组织，以及与之相关联的工艺品的上下语境结构的关系之中。虽然许多私密性控制规则是概念性的和玄妙的，考古学者可在考古遗址中发现某些特殊装置，这些特殊装置可以展示文化对私密和公共空间的不同处理，从而揭示出不同的文化习俗。

边界：其实上述的个人空间、领地、私密性理论里都离不开边界概念。个人空间、领地、私密性之所以受到威胁便是边界的被侵犯。行为学家玛乔丽·伍兹·拉文(Marjorie Woods Lavin,1981)认为边界有四种类型：与心灵和肉体有关的心理上的边界；个体交往时个人空间上的边界；社会群体的边界以及与空间环境和文化习俗有关的社会物质意义上的边界。显然，这些都与个人空间、领地及私密性息息相关。因此对边界的注意和考察可加强个人空间、领地、私密性理论对建筑考古的启示，即可以通过评判古代遗址的边界划分处理来推断特殊的行为和文化习俗。

显然，上述四大要素经常互相重叠，均反映于建筑环境的空间组织形态以及与之相联的工艺品之中，并互相交织共同决定"文化习俗"。因此在古代遗址中，对这四大要素的综合考察也便是研究古代文化习俗的关键。

同符号学一样，环境行为心理研究亦非尽善尽美。如澳大利亚金·多维(Kim Dovey, 1999)在谈到空间分析时，即感到奥尔特曼(Altman)和拉波波特(Rapoport)理论的不足。因该讨论涉及面与本文不同，此处亦不赘述。

值得一提的是赛姆(Sine,1999)在对当今欧美环境心理研究专著综评的基础上，提出未来的环境心理研究应将更多的注意力放在空间构形、功能机会结构、设计和居住环境、环境的含义、价值和叙述、现象学以及与社会文化相关的范畴上。这可弥补不足。上述的四大要素也必将随之得到更进一步的研究。相信未来的成果亦将进一步促进古建筑的研究。

结语：关于我国建筑考古研究的思考

目前我们所看到的关于我国古建筑遗址(尤其是宋代以前的遗址)的考古研究多集中于发掘和表述气候、地形、材料、科技水平、经济资源等因素，也就是本文开头所提的三大范畴中的自然决定范畴和变

量范畴，较少涉及文化范畴。虽然有一些对功能和文化习俗的记载，但仅为描述或假设。因此笔者认为当今遍及世界的环境心理、行为研究对我国建筑考古具有一定的启示。如本文所讨论的符号学以及环境行为心理研究学者对文化习俗研究的成果对分析古建筑具有潜在的意义：符号学提供了理解行为和建筑环境互相影响的理论基础，建筑环境可以看作暗示特定行为的符码；环境行为心理研究则提供了具体的理论和技巧。特别是那些缺乏确凿历史文献记载的古建筑遗址，遗址本身的物质遗留及其上下语境结构就是历史的重要证据。但建筑考古应该透过这些证据致力发现研究当时的行为、建筑环境和文化习俗。这就需要借用环境行为、心理学家的理论和技巧，不仅要发掘和记述地形条件、材料的运用、科技水平及经济资源等因素，还要辨别建筑模式、功能、空间、边界、工艺品的配置、各种行为记号、复出物件以及有否私密性的处理等。如此，建筑考古方能从描述和假设上升到解释和证明，甚至对文化习俗及其边界作出新的定义。笔者以为这亦应是现代建筑考古的主要目标之一。

参考文献

1.Altman,I.The environment and social behavior. privacy, personal space, territory, crowding. Monterey, CA:Brooks/Cole, 1975
2.Ardrey,R. The territorial imperative.New York:Atheneum, 1966
3.Bechtel,B.Environment & behavior:an introduction. Thousand Oaks, CA:Sage publications,1997
4.Broadbent,G.The deep structures of architecture.In Signs,symbols and architecture.edited by G.Broadbent et al,pp.119-168.New York:Wiley,1980
5.Choi,W.Housing adaptation in international relocation.Unpublished phDthesis.Manchester:The Univ.of Manchester,1993
6.Ciolek,T.M.Spatial extent and structure of the field of co-presence:summary of findings.Man-Environment Systems10(1):57-62,1980
7.Dovey,K.Framing places.London and New York:Routledge,1999
8.Eco,U.Function and sign:the semiotics of architecture.In Signs,symbols and architecture,edited by G.Broadbent et al.,pp.11-69.New York:Wiley,1980
9.Hall,E.T.The silent language.New York:Doubleday,1959
10.Hall,E.T.The hidden dimension.New York:Doubleday,1966
11.Hediger,H.Wild animals in captivity.London:Butterworth,1950
12.Howard,D.Territory and bird life.London:Cellen's Publication Co,1948
13.Katz,P.Animals and men.New York:Longmans,Green,1937
14.Lavin,M.W.Boundaries in the built environment.concepts and exampoes.Man-Environment Systems11(5-6):195-206,1981
15.Lynch,K.The image of the city.Canbridge,MA: MIT Press,1960
16.Moore,G.T.Knowing about environmental knowing.the current state of theory and research on environmental cognition.Environment and Behavior.11(1):33-70,1979
17.Pfeiffer,T.S.Behavior and interaction in built space.Built Environment 6(1):35-50,1980
18.Rapoport,A.Vernacular architecture and the cultural determinants of form.In Buildings and society,edited by A.D.King,pp.283-305.London:Routledge & Kegan Paul,1980
19.Rapopart,A.The meaning of the built environment:a nonverbal communication approach.Beverley Hills:Sage Publications,1982
20.Sanders,D.Behavioral conventions and archaeology:methods for the analysis of ancient architecture.In Domestic architecture and the use of space:an interdisciplinary cross-cultural study.edited by S.Kent,pp.43-72.Cambridge:Canbridge University press,1990
21.Sime,J.D.What is environmental psychology?texts,content and context.Journal of Environmental psychology 19:191-206,1999

何晓昕，英国曼彻斯特大学建筑系、地理系博士后

纪念性——近现代苏俄建筑的突出体现

任 军

纪念建筑、纪念性建筑及建筑的纪念性

将这三个使用频率颇高的"同根"词摆在一起，似乎有混淆视听之嫌，但正是基于它们字面差异不大而含义各不相同的特点，才更有区分其异同的必要。

追根溯源，纪念建筑应该产生于远古时代的巫术、神话和宗教活动，对自然界知之其少的先人们对其不可抗拒的力量显示出了极大的敬畏：从原始的搭台造社、祈雨祭天发展到大量建造庙宇神殿，形成纪念"神"的场所，产生了纪念建筑的雏形。黑格尔所说的"建筑艺术的起源"指的也是这个过程。广义上来讲，纪念建筑是一种包含建筑物、雕刻、绘画以及周边环境的建筑综合体，它的使命是把历史上或传说中的人物、事件记录下来，以鲜明的主题，高度的思想性、艺术性和强烈的时代感传播于群众以示后人。因而它的艺术主张和表现手段要服从于统治者的政治要求，是当时社会主流文化的体现形式。历史上先是有了埃及法老们的无上权利才有了金字塔群；有了皇帝的"与天同寿"才有了皇家陵地。同时它作为建筑的一种特殊类型又要受到物质条件的制约，形式和风格也要符合人们的审美习惯。而这种审美情趣只有摆脱了初步的、低级状态的形象判断，通过对社会文化的了解和对社会历史背景的洞察，才能够对它有正确的理解。纪念建筑是人类艺术殿堂最辉煌最有表现力的一员，通过对它的研究可以深刻理解社会与建筑的关系，政治对文化的影响。

在历史长河的各个断面上，很多杰出的纪念建筑都已成为了它所处时代的代表。不仅包括像罗马万神庙、雅典奖杯亭、古埃及的方尖碑等这些耳熟能详的古代建筑，而且包括大量近现代建筑史上的佳作：格罗皮乌斯采用表现派手法设计的德国魏玛城内战死难者纪念雕刻，密斯设计的柏林卢森堡与李卜克内西就义纪念墙，舒舍夫采用构成主义手法设计的红场列宁墓，埃罗·沙里宁超群之作——圣路易斯杰弗逊纪念拱门，林林总总，不再一一赘述。总之，这些传世之作都给人留下了难以磨灭的印象。

任何类型的建筑大体都包含两种功能：精神及物质功能。物质功能无非是满足人们遮风蔽雨、界定空间的最基本要求和各个建筑物之间不尽相同的具体使用功能。而精神功能则是由建筑形式、空间划分和装饰氛围所体现出的思想意识特征。纪念建筑就是以精神为原动力所创造出来的精神产物，其初衷就是"纪念"，它能更纯粹、更直接地体现思想性，偏重于特定的精神因素，物质性功能则十分淡化。譬如，埃及法老为了能够使自己"永世不灭"而修建的金字塔，其作为坟墓的功能和炫耀丰功伟绩的庞大气魄简直不能同日而语；再如，拿破仑为庆功而建的凯旋门外形宏伟，装饰华丽，我想建造它的本意应该在于炫耀赫赫战功而并非仅仅用来通过凯旋的军队吧！

与纪念建筑不同的是，纪念性建筑起初并不是为了"纪念"而建，只是由于历史所赋予的某种特殊意义而使它赋有了纪念性。因此它所涉猎的范围非常广泛，和许多其他建筑类型都有交叉，题材也包罗万象，其中包括一些博览建筑、宫殿建筑、办公建筑甚至是居住建筑。比如：长城、天安门、布达拉宫、威尼斯总督府、法国卢浮宫以及俄罗斯的克里姆林宫等等。这些建筑突出的特点是：现在或是以前都有明确的使用功能，并不是专意为"纪念"而修建的，只是由于它们本身的历史意义和特殊文化价值而使其具有了纪念性格。当然，纪念建筑与纪念性建筑之间并没有绝对的分别，只是前者把精神性的纪念摆在首位，使人"看到"曾经发生过的历史，后者则是曾经有过属于自己的"故事"，只是时代在它身上打上了烙印，使人可以"感到"历史。换句话说就是，纪念建筑和纪念性建筑的根本区别在

莫斯科，红场列宁墓

哈巴罗夫斯克，二战胜利纪念墙局部

于最初的功能是否是为了"纪念"。

而与前两者完全不同的是：建筑的纪念性并不是指具体的建筑类型，它体现的是建筑的一种内涵、一种风格，是在一定的时间和空间内所营造的建筑氛围。可以这么说，纪念建筑和纪念性建筑都必然具有纪念性，而建筑的纪念性则涵盖面很宽，不仅仅存在于这两者之中。它往往给人的是一种直觉，譬如在历史上，特别是

在欧洲有过一段古典主义建筑时代，那时的建筑师崇尚古典文艺复兴及古希腊罗马的建筑风格，建筑造型常常具有凝重庄严的历史感，室内外装饰又往往使人联想到辉煌的过去，这种常常在一些公共建筑上呈现出来的风格就是建筑的纪念性，它体现的是一种历史文脉，一种设计手法。当然，建筑的纪念性并不局限于古典形式，虽然它是经过实践和历史检验的，并为人们所熟悉，但纪念性的思想内容也会随着时代变迁而改变，其艺术形象也在不断创新，它的表述将是多角度多方位的。本文所谈的建筑的纪念性就是基于这种含义的。

纪念性广泛存在于苏俄的历史渊源

前苏联是个地广人稀、民族众多的国家，有着灿烂的文化。占前苏联绝大多数人口的俄罗斯是个勤劳智慧的民族，有着斯拉夫人特有的坚毅稳重的性格，在这块古老的土地上播种下了文明。同西方其他国家一样，在俄罗斯民族文化发展的各个时期都能感受到宗教的存在，作为历史的见证人——建筑艺术在很大程度上也受到了宗教艺术的影响，最直接的表现就是宗教建筑特有的气质在一般建筑上的再现。众所周知，宗教建筑是聆听"神"的旨意、纪念"神灵"的场所，因此从这种意义上讲，宗教建筑也是一种特殊的纪念建筑，大量宗教建筑的存在是苏俄建筑纪念性的历史积淀。

古罗斯人大多信奉多神教，他们相信，威力无边的主宰者无处不在，森林中有林神、鸟神、水里有水妖，家中有家神，时时刻刻都要遵从神的旨意。起源于氏族制度的祖先崇拜此时也十分盛行，他们为自己各种各样心目中的神建造神殿，因此，宗教建筑古而有之。公元10世纪，当基督教从拜占廷传入罗斯并取代多神教成为"国教"时，宗教建筑也随之兴起，基辅、诺夫哥罗德、莫斯科东部等地都兴建了大量的拜占廷式的教堂。15世纪时起源于意大利的文艺复兴运动也波及到了俄罗斯，意大利的建筑形式也因大量建筑师的实际工作融入到了俄罗斯自身建筑形制的整合之中，初具规模的克里姆林宫宗教建筑群成为了这个时期建筑的代言人。随着18世纪彼得大帝改革措施的进行和"面向西欧"的呼声日见高涨，西方的建筑文明被移植到了俄罗斯，就此，俄罗斯经历

了几百年试探摸索终于形成了多风格融合的古典主义建筑风格。这个时期的建筑大多华丽精美，外形宏伟给人以凝重的历史感。

十月革命以后，由15个加盟共和国组成的前苏联社会情况比较复杂，社会主义制度使得整体建筑价值观偏向于人民性和群体性，同时它作为社会主义文化的体现往往更加突出思想性，民族的、地方的、传统的精神常常融会在建筑创作中，它的着眼点不是追求奇异的造型、虚无和反传统，而是为了有效地表现精神内容，给人以有意义的思想感受，因此，政治倾向也是影响这个时期建筑创作的重要因素。作为第一个社会主义国家的自豪和战胜法西斯的喜悦使得纪念建筑在20世纪上半叶比比皆是，题材的选择广泛，设计手法不拘泥于细节，在一般类型建筑创作中体现纪念性的做法也蔚然成风，苏俄的建筑特殊的性格也成型于此。

在建筑史上，苏俄建筑不论是对古典主义的发掘还是对新建筑的探索都令人瞩目，尤其是对城市整体气氛的把握上更有独到之处。我们暂且不评价它进入20世纪以来曲折反复的得失，仅从苏俄建筑发展的几个阶段的事实可以看出：新建筑运动阶段、回归古典阶段以及现阶段的极力倡导古建保护和鼓励个性展现都使苏俄建筑最突出的特点——纪念性展现得淋漓尽致。

苏俄近现代建筑中体现出的纪念性

在第一次世界大战尚未彻底结束的1917年，俄国爆发了伟大的十月革命，诞生了人类历史上第一个社会主义国家，在绘画、文学、雕刻、建筑等诸多领域都发生了翻天覆地的变化。在享誉欧洲的新建筑运动中，由塔特林、梅尔尼科夫和里兹斯基开创的构成主义成了最令人瞩目的焦点，"构成既是雕刻又是建筑的造型，建筑形式必须反映构筑手段"反映了构成主义的主张。轰动一时的"第三国际"纪念塔的通透骨架与内外空间的交织，产生了雕刻和建筑、虚幻与现实相融合的强烈美感。维斯宁兄弟提出的真理报馆方案；梅尔尼科夫设计的"马哈夫"烟馆；列奥尼多夫才华横溢的毕业设计"列宁学院设计方案"等作品都是对旧有设计理念的否定，新的创作手段充斥其中。活跃在当时建筑舞台上的还有诸如：理性主义、至上主义、未来主义等建筑思潮，它们之间虽然

因主张各有侧重而互相排斥、此消彼长，但在反传统、反古典的统一战线上达成共识，积极倡导新技术和新材料的运用，反映了建筑师们对未来美好生活的憧憬和对新生活方式的探索。一些西方国家的建筑师都把这次运动看作是探索解决社会问题的新方式和探索建筑新形式的一次绝佳的机会。

这个时期的建筑给人以朝气蓬勃的感觉，呈现了与以往不同的面貌：外形简洁、空间丰富，具有鲜明的个性，同时也具有强烈的纪念性，但和以往建筑的纪念性不同，它没有对称的构图，没有华丽的装饰，更没有对历史的回顾，但是从中能深刻体会到人们对新生活的强烈渴望，对未来世界的畅想，对新的社会制度的赞美，虽然历史的痕迹在这些建筑中已经消逝，但它们呈现了一个特殊时代的风采，建筑师们也对"美"重新做了诠释，科学技术和社会进步成了关注的热点，人们正在用新的方式创造历史，并用建筑语言记录下来成为对那个时代的纪念。

前苏联各族人民在第二次世界大战中，不惜一切代价维护了国家的尊严，给侵略者以重创。虽然战争的代价十分惨重，但换来的不仅仅是战争的胜利，更是各族人民爱国激情和强烈的民族自豪感，这也许是二战结束后在其国内产生大量雕塑感极强旨在宣扬胜利的纪念碑似的建筑最主要原因。

这个时期是苏俄建筑最具代表性的时期，大量体现民族自豪感和强大国力的建筑如雨后春笋般地出现了，形成了许多风格统一的建筑群和历史街区，到处都是宣扬胜利的主题，随处可见纪念雕塑，可以

莫斯科，国民经济展览中心

莫斯科，地铁车站

莫斯科，地铁车站

莫斯科大学主楼局部

说这时期的建设为近现代苏俄建筑纪念性格的形成打下了基础。在民族形式问题的研究中，有一大批杰出的建筑师都取得了重大的进展。舒舍夫在战后完成的塔什干

新剧院，在全国范围内开创了一个以民族精神为中心的"风格化"的时期，莫斯科地铁的"共青团环线"车站设计堪称他在探索民族风格中达到了光辉的顶点。地铁车站基本上以加工过的古代俄罗斯建筑主题处理而成，并发展了俄罗斯军队凯旋的主题。入口门厅是用古代战士的头盔形象完成的，拱顶上面装饰着巴洛克式涡形浮雕，许多色彩鲜艳的马赛克拼成了一幅幅卫国战争题材的历史画面。波利亚科夫在以列宁命名的伏尔加——顿河运河的构筑物设计中大量地运用了俄罗斯古典主义帝国风格的主题，最具特色的是从伏尔加和顿河方向进入整个运河的入口是刻有浅浮雕的巨大凯旋式拱门。但在追求风格绝对统一的同时，这个建筑群内部却充满了矛盾，运用的建筑形式并非水利建筑所特有，明显地暴露了功能和表现上的脱节；显然，这个建筑群和当时许多建筑一样是带有政治使命的，它是作为纪念苏联人民卫国战争中在顿河草原上和斯大林格勒城下所取得的伟大胜利而兴建的，庄严宏伟的体量和大量华丽的装饰也正是这时期许多建筑共同遵循的模式。

建设方针的转变也是促使建筑的纪念性加强的重要原因。人们在接受和理解了新科技、新概念所阐述的建筑理念后，渐渐的对这些新产品和新技术代言人的单调刻板的面孔厌倦了。他们呼唤那种能体现民族精神和能展现社会主义国家的快速发展所取得成就的建筑的出现。在这个阶段，最有代表性的就是在从克林姆林宫沿莫斯科河两岸一些空旷丘阜之上，有节奏地配合对景，安排7座20到30层的能体现社会主义现实主义典型建筑物。它们是：斯摩棱斯克广场上的办公大楼，起义广场上的住宅楼，莱蒙托夫广场上的办公大楼，共青团广场上的"列宁格勒旅馆"，卡捷利尼齐滨河路上的住宅楼，列宁山上的罗蒙诺索夫大学(国立莫斯科大学)以及"乌克兰"旅馆。建筑师们极尽其能事，在建筑的细部上大做文章，建筑造价也陡升，资金投入是一般楼房的五倍，因此也引起了生活还不富足的老百姓的不满。当然古典的外部的设计仅是展现辉煌历史的一个手段，浮雕、壁画和大量的仿古装饰也被运用到了建筑内部设计中去，使人仿佛置身于几百年前的文明中，依稀可以想见彼得大帝的赫赫战功，从某种角度上讲建筑师对空间氛围的营造是成功的。

灿烂的历史也并不仅仅体现在公共建筑身上，因为这是那个时代共同的特点，无论从住宅、学校、办公楼甚至是街区和广场的规划上都能感觉到厚重的历史感。尽管这些建筑毁誉参半，但它们毕竟还是实现了设计师的初衷，人们从建筑物奢华的外表和庄严肃穆的气氛看到了国家的尊严和雄厚的国力，也从中体味到了民族的自尊。

近些年来探索新的建筑形象、创造鲜明建筑个性、追求建筑的永恒艺术价值的设计趋势又给前苏联的建筑领域增添了活跃因素。尤其是在80年代，产生了大量脍炙人口的佳作，一批现代建筑师认识到了民族传统有利于丰富现代建筑的形象，使之更具有生命力和历史依据。塔什干的苏联人民友谊宫把现代建筑与民族建筑形象统一在一起取得了良好的效果，在它里面看到的是乌兹别克传统建筑所有的特性；埃里温的"列宁广场"地铁车站也是结合民族传统和地方特色的杰作，作者采用了传统的拱廊和装饰手法，民族个性得到了充分的体现。这时期所呈现的地区性、民族性的创作使城市的面貌得到了改善，对具体环境和地区的施工技术、建筑材料的选

莫斯科，胜利广场上的纪念堂局部

莫斯科，胜利广场上的纪念柱

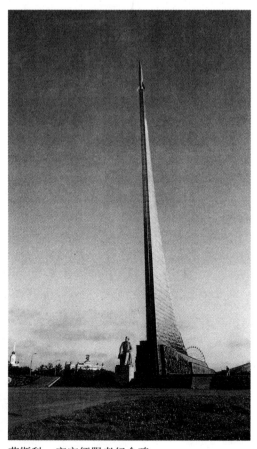

莫斯科，宇宙征服者纪念碑

莫斯科，彼得大帝铜像

莫斯科，救世主升天大教堂

择等方面都日臻成熟，从中也能体味到悠久的历史所带来的浓郁的文化气息。

90年代初，不堪重负的苏联解体了，社会制度的改变、政治环境的动荡和经济体制急速转变等不安定因素都使俄罗斯面临着巨大的挑战，人民的基本生活也遇到了困难，很多人对前途渺茫的俄罗斯未来失去了信心，一种怀旧的心理又使俄罗斯人回忆起承袭了上千年的传统历史文化。因此一股建筑复古风又悄悄吹起，一些破损的古建筑被修复，一些搁浅的项目重新上马。俄罗斯艺术家采里切利在克林姆林宫北侧设计的马涅什广场充分体现了现代技术与传统形式的结合，地面部分是市民休闲广场，大面积规则划分的绿地和点缀着仿古装饰的采光天窗已成了红场周围新的"亮点"，在地下三层的商场室内设计中体现出强烈的怀旧情绪，艺术处理和空间划分分别使人联想起折衷主义、古典主义和20世纪初的摩登风格以及传统的俄罗斯风格。1995年，作为纪念反法西斯胜利50周年的献礼，从规划设计到结束施工历时长达20年的胜利公园终于在莫斯科凯旋门东南侧落成了，"苏联的人民建筑师"A·巴良斯基主持设计了这组规模宏大的建筑群，它由纪念馆、120m高的纪念碑、雕塑建筑群、礼拜堂、犹太人纪念堂、大型喷泉等多种环境艺术形式组成，到处都洋溢着庆祝胜利凯旋的气氛。在方案设计中仍然保持着苏俄建筑所独有的鲜明特点：建筑中大量运用雕塑与浮雕，具象造型和抽象形体强烈对比，古典主题和现代构图的结合，形成了具有浓厚文化气息高品位的纪念场所，堪称现代纪念建筑的典范。位于莫斯科市中心莫斯科河畔的重新

修葺的彼得一世雕像具有明显的装饰性，艺术表现力更为丰满，基座的船形使人联想到了建造于彼得时代无数的战船和闻名于世的屡屡战功。莫斯科救世主大教堂也在人们的强烈呼声中被修缮一新，甚至在1918年被称为"不朽宣言"的列宁计划也被人重新提起。这些新建建筑大都是带有"折衷主义"和"古典主义"韵味的作品，颇具中世纪俄罗斯的"帝国"风范。但也需要指出的是，由于经济力量明显削弱，建设速度的减慢，新建筑屈指可数，90年代俄罗斯的建筑风貌和80年代没有本质的区别。更常见的是在历史建筑中融入了新的使用功能，而建筑本身也得到了很好的保护，使你在古老的阿尔巴特大街和红场"古姆"中购买最时髦的商品时依然可以领略到历史的遗风。这些现象都说明能够体现纪念性和历史感的建筑已成为苏俄人民情感的寄托，俄罗斯人民更期望用建筑语言重新构筑一个幻想中的王国，这时的俄罗斯建筑的纪念性多半表现为对历史的留恋。

结语

建筑是部石头的史诗，苏俄建筑对待历史的态度在不同的时期是有差别的，每个阶段都令人关注，从古典到现代，从繁琐到简洁，从中透着苏俄建筑师的思考和探索，但不离其左右的是在任何一个阶段都被人们所瞩目的纪念性，它体现了人民的性格、民族的信仰，世界也正因此而了解苏俄人民。

参考文献

1.童寯.苏联建筑——兼述东欧现代建筑.中国建筑工业出版社，1982
2.沈福煦.人与建筑.学林出版社，1987
3.谭垣、吕典雅、朱谋隆.纪念性建筑.上海科学技术出版社，1987
4.杨深.建筑七千年.天津科技翻译出版公司，1990
5.[苏]A.B.利亚布申、И.B.谢什金娜.苏维埃建筑.吕富珣译.中国建筑工业出版社，1990
6.姚海.俄罗斯文化之路.浙江人民出版社，1992
7.齐康.纪念的凝思.中国建筑工业出版社，1996
8.[苏]O.A.什维德科夫斯基、д.O.什维德科夫斯基.八十年代苏联建筑发展概述·世界建筑，1991(6)
9.[苏]л.A.邦达连科.俄罗斯古城的发展与改造.世界建筑，·1991(6)
10.韩林飞.90年代俄罗斯新建筑.世界建筑，1999(1)

任军，天津大学建筑学院博士研究生

环境、气候与建筑节能

吴硕贤

一、环境、气候与能源的关系

全球生态环境恶化，气候异常与能源危机是21世纪人类面临的重大问题。保护生态环境、重视节能已成为各国政府的共识，并逐渐深入人心。然而必须看到，许多人包括建筑界不少人士，还只是把环境、生态、气候、节能、可持续发展等当成时髦术语挂在嘴边，尚未了解这些问题之间深刻的内在关联，尚不清楚这些问题迫在眉睫之严重性，尚未有深切的忧患意识，因此也尚未能真正把节能付诸实践，在建筑规划和建筑设计中认真加以体现。

人类产生能源危机的意识首先是由石油价格上涨引发的。1972年，马萨诸塞理工学院的丹尼斯、米都斯等人提出《增长的极限》的报告，明确指出地球上能源、资源和容积的有限性，进一步敲响了警钟。1981年，里夫金和霍华德出版了《熵：一种新的世界观》一书，根据热力学第二定律进一步阐述了地球上的能源只能不可逆转地从对人类可利用到不可利用的状态转化的总趋势。所谓熵，就是这种不能再被转化作功的能量总和。所有这些理论，都表明地球上的能源是有限的。

然而我们要着重指出的是，能源利用的极限，远在地球上的能源耗尽之前就将到来。它首先是由环境气候因素所决定的。根据国际应用系统分析研究所(IIASA)的估计，工业革命开始时，人类总共消耗矿物能源(煤、石油等)大约仅为200Gt碳(G=10^9，Gt，京吨)，而目前全球每年耗能约为6Gt碳。据估计，地球上从经济上讲可允许获得的能源储备大约有540Gt碳，还有3026Gt碳包含在其他各种能源中(这些能源是否为在经济上可承受的情况下获得，目前尚难下定论)。此外，还有大约5200Gt碳的能量存储在各种附加的矿藏中，但其从经济上和技术上可加以利用的潜在可能性是颇令人可疑的。总之，剩下的矿物能源大约为3500～8700Gt碳。而目前大气中的碳含量已达760Gt。根据斯坦福大学和IIASA的研究报告，全球通过消耗矿物燃料而排放的二氧化碳(CO_2)总量，每年大约增加1%，即从90年代初的6Gt到2020年的9Gt。我们知道，二氧化碳是造成全球"温室效应"的罪魁祸首。另据美国科学院的一份报告，若不采取有效措施，今后50年内大气层内的二氧化碳将提高一倍，"使中纬度地区的温度上升3～6摄氏度，而极地区的温度上升9～12摄氏度"。我们知道，在南极，冰盖厚度为2699m，冰的总量达2867.2万km^3，占世界总冰量的90%。环球气温上升将导致极地冰盖融化，使海平面上升，造成城市、港口被淹没，人或为鱼鳖，后果不堪设想。这表明，全球由消耗矿物能源所导致的气候异常，很快将超过环境所能承受的限度，成为决定耗能极限的最主要制约因素。

二、节能的战略

从上述分析可知，节能首先是要争取减少或达到碳的零排放，即减少二氧化碳和其他温室气体的排放。因此，提高能量转化效率和实现能量系统中的非碳化、低碳化，是节能的首要战略。目前，发达国家从最初能量转化为消费者所需要的能量形式的能量转化效率大约为70%，而从这种最后的能量形式进一步转化为能加以应用的有效能量形式和服务的效率，还要低得多。这意味着总的能量转化效率，不会比10%高多少。对发展中国家而言，这个效率还要更低。因此，要研究更有效的能量利用方式及终端使用技术。从能量的产生、转化、运输、分配到最终使用技术各个环节研究提高效率的措施，从而达到节能的目的。另外，必须进一步减少对煤、石油等高含碳量能源的依赖，更多的采用低或零含碳量的洁净能源，如天然气、水力、风力、太阳能、核能、生物能等。

据分析，在工业化国家，大约$\frac{2}{3}$的最终能量需求是消耗在生产领域以外，即用于私人住宅、运输和休闲等活动。而且用于后者的能耗还有日益增加之势头。而用于这些消费领域的能量利用效率是最低的。因此，要充分重视从人的行为和生活方式的改变中来寻找节能的途径。例如，私家小汽车的耗能就比采用公交车等交通运输系统的耗能大得多。因为每辆私家车的驾驶公里数中所承担的以人—公里数来衡量的运输效率要比公交系统小得多。所以，推广公交系统对节能有利。信息技术革命使得低耗能的信息流可部分代替高耗能的物质流，因此，也对节能有利。此外，各类建筑物，也是耗能的"大户"。必须充分意识到建筑节能的潜力和重要性。这是与我们行业密切相关的。建筑师对此责无旁贷，任重道远。

三、建筑节能的意义

发达国家民生耗能已高达总能耗的1／3左右，而民生能耗中大多数又消耗在建筑物中。还必须看到，建筑物的能耗，也在生产领域的能耗中占有相当的份额。在有空调的建筑物的总能耗中，空调能耗占60%以上。以香港为例，据香港理工大学新近的研究表明，香港商业大厦的电力耗用量占全港电力耗用量的60%。他们用建筑能源软件DOE2.1E模拟商业大厦的电力耗用，得出结论是，未来五年，若新建的商业大厦全都配备高能源效益的设计外壳，则相对于低能源效益的外壳设计，每年的总电力耗用量可节约一个百分点。由此可见，建筑节能具有重要的意义和巨大的潜力。目前，美国的建筑法规对建筑节能都有明确规定和要求，并将节能产生的经济效益中的一部分用来奖励建筑节能设计者。香港建筑署也早于1981年就编制了若干节能守则及指引，如《建筑节能》等。最近，《建筑节能》已修订到第三版，并制定了"热转移值ＯＴＴＶ"等规定，对配备空调的商用建筑物外墙的最高热转移值规定了不可高于35Ｗ／m²的限额。发达的国家和地区尚且如此，我们更不可等闲视之。

四、建筑节能的途径

下面对建筑节能，尤其是亚热带地区建筑节能的途径作一简要阐述。建筑节能当然是在保证生活与工作环境的舒适性的前提下进行的。它包括设备技术的改进和建筑设计的改良两大方面。本文将着重阐述通过建筑设计来达到节能目的的方法。

1 改善微气候

任何单体建筑都是与其周围环境交换能量的，因此，要减少进入单体建筑的热能，首先要改善建筑物周围环境的微气候。

1.1 通风

南方地区夏季主导风向是东南季风和西南季风，因此，应当使建筑物朝向夏季主导风向。当建筑群成排布置时，宜与主导风向成30°～45°角，并采用前后错位、斜列、前低后高、前短后长、前疏后密等布局措施，使整个建筑群都受益。建筑物的楼梯间敞开、底层架空等措施，也有利于后排建筑物的通风。此外，应注意因地制宜地利用和引导水陆风、山谷风、林原风、街巷风、天井风、庭园风等来改善微气候。

1.2 绿化与水体

华南理工大学亚热带建筑研究室曾对夏天阳光下不同地面的温度进行实测，结果如表1所示：

可见，绿化相对于硬铺砌可取得表面降温6℃的效果。若配以水体和喷泉等，还可进一步改善微气候。因此，尽可能增加绿化和水体面积，减少硬铺地，是改善环

不同地面的表面温度与反射率   表1

地面	表面温度(℃)			反射率(%)		
	最大	最小	平均	最大	最小	平均
柏油	50	33	43	23	18	19.8
混凝土	49	29	39.6	31	26	27.7
花岗岩	49	29	38.2	17	12	14.2
沙地	46	29	38.2	17	12	14.2
泥地	46	28	37.8	25	18	21.0
草地	42	28	35	26	22	23.5

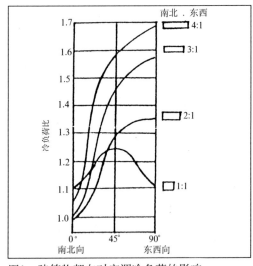

图1 建筑物朝向对空调冷负荷的影响

境气候和节能的一项重要措施。

2 改善建筑物单体热环境的节能设计

2.1 朝向与体形

建筑物的朝向对节能意义重大。图1是建筑物朝向对空调冷负荷的影响，从图中可看出，对一个长宽比为2的建筑物，东西向比南北向的冷负荷约增多35%。因此，应尽量争取南北朝向，避免东晒和西晒。

建筑物体形系数定义为建筑物外表面积F与其体积V之比。体积一定的建筑物若体形系数大则外表面积大，通过围护结构的传热就多。因此应当力求将体形系数控制在0.35以下。某些高级建筑，出于造型和美观的考虑，不得不采用较大的体形系数时，也应增加外墙热阻来弥补。表2列出德国建筑节能法规规定的关于不同体形系数建筑物的最大总平均传热系数。

2.2 窗墙比

窗墙比是窗户面积与外墙总面积之比。若窗的面积较大，则夏季室内日射得热量多，室内就较热，空调冷负荷就相应增加。在冬季，虽然进入室内的日射可减少供暖负荷，但由于窗的温差传热损失要比墙体大得多，因此窗大耗能还是多。可见，减少窗户面积是一项重要的节能措施。对北京兆龙饭店和昆仑饭店外围护结构的冷负荷进行全年计算机模拟的结果表明，若兆龙饭店和昆仑饭店的窗墙比分别减少7%和4%，则夏季冷负荷可减少8%～13%，冬季热负荷可减少4%～5.5%。

2.3 采用特种玻璃和遮阳板设施

采用特种玻璃是减少室内日射得热的方法之一。常用的特种玻璃有吸热玻璃、反射玻璃和遮光玻璃等，与普通玻璃相比，可分别减少23%、30%和70%的日射得热。采用增大屋檐、凹廊、窗户侧壁、阳台以及专用遮阳板等遮阳措施，可直接遮挡夏季阳光的热辐射。空调房屋若增加1.2m宽的水平外遮阳板便可减少夏季日需冷量的25%左右，作用不可小觑。

遮阳板的设置与太阳的位置和建筑物朝向等因素有关。水平式遮阳板适用于南向窗口；垂直式适用于北向窗口；综合式适合于东南和西南向窗口；而挡板式遮阳板则适用于东西向窗口。

2.4 改进外围护结构的防热、隔热性能

研究并推广具有低热转移值的外墙

$F/V(\mathrm{m^{-1}})$	$\leqslant$0.24	0.3	0.4	0.5	0.6	0.7	0.8	0.9	1.0	1.1	$\geqslant$1.2
$K_{pmax}[\mathrm{w/(m^2 \cdot k)}]$	1.4	1.24	1.09	0.99	0.93	0.88	0.85	0.83	0.80	0.78	0.77

建筑物最大总平均传热系数 K_p 表2

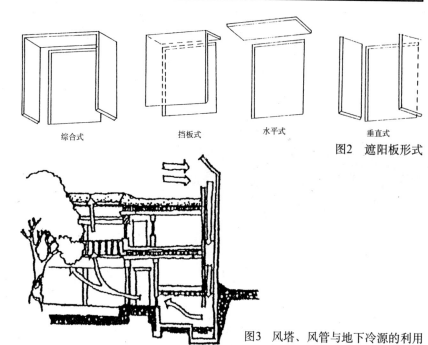

综合式　　挡板式　　水平式　　垂直式

图2 遮阳板形式

图3 风塔、风管与地下冷源的利用

和屋顶结构具有重要节能意义，应选用导热系数和导温系数较小的材料。这方面的措施还包括外墙表面采用浅色设计，以反射太阳热力。屋顶采用植被屋顶、蓄水屋顶、通风屋顶，墙体采用中空结构等。马来西亚著名建筑师杨经文在吉隆坡IBM大厦设计中，就采用"两层皮"（"doubleskin"）构造的外墙，形成复合空间或空气间层，既具有保温隔热作用，又能利用其间的烟囱效应加强自然通风。

2.5 自然通风与地下冷源的利用

加强通风有利于改善亚热带地区室内热舒适环境，因此应当注意借鉴传统建筑利用风压、热压作用，改善自然通风的若干设计手法。例如，利用门窗对位，促进水平穿堂风的形成；利用风管、风塔或高层建筑的中庭进行灌风或抽风以促进垂直通风等。若能将风或空气送入地下空间，利用导管将经过自然冷却的地下空气或水引导到室内，尚可进一步降低室温。

当然，自然通风与减少窗墙比必须权衡利弊，综合考虑。在广州等亚热带地区，为了强调自然通风，过多地增加窗户面积是不适宜的。

3 绿色照明

香港建筑署曾对各类屋宇设备使用能

居民温热感与居室气温的关系　　　　　　表3

温热感	居室气温(℃)									
	26	27	28	29	30	31	32	33	34	35
舒适(%)	85.0	72.3	60.0	45.2	37.4	18.9	16.2	6.3	4.4	0.9
稍热(%)	15.0	18.3	30.2	41.9	47.4	50.6	44.3	39.1	32.4	32.1
热(%)		7.7	7.4	9.4	10.6	21.3	30.6	26.5	30.1	34.2
很热(%)		1.3	1.8	3.5	4.6	9.2	8.9	28.1	33.1	31.8

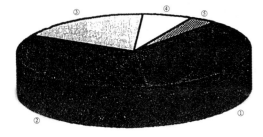

①空调: 36%
②照明及一般用电: 35%
③电脑系统: 18%
④升降机及自动电梯: 7%
⑤其他: 4%

源的比率作了调查统计，结果如上图。

由以上结果可知，除了重视空调节能外，尚必须重视照明采光等其他用电设施的节能。

首先要注意充分利用自然采光，减少照明用电。在配电及照明系统设计中，还应当注意改善各种灯具和用电设施的功率因数，尽量采用高效率的灯具，如将钨丝灯泡改为荧光灯，将高压汞灯改为高压钠灯等。在照明设计中推广局部照明装置，只在工作台范围内配置适当照明，减低环境照明照度。安装自动光源控制和红外线感应器等，避免不必要的长期亮灯。此外，尚可采用光导管收集太阳光进行室内照明。

4 太阳能等洁净能源的利用

首先是推广应用被动式太阳能集热系统，用以给建筑物提供热源。同时，太阳能还可用来制冷，一种途径是利用太阳能推动机械装置，再推动压缩制冷系统；另一种途径是利用太阳热量直接驱动吸收式制冷机。日本建筑师加藤义夫在东京郊区设计了13幢被动式太阳能房，采用2kW太阳能电池和55m²的热空气收集器，可提供超过41868kJ/m²·h的能量，居室的加热和制冷均由太阳能系统提供能源。

5 建筑物能源管理系统

建筑智能化是实现高科技节能的重要途径。利用微机和能源节约程式的能源管理系统，能有效地实现建筑物中各种耗能设备，包括照明、空调、采暖、电梯、通风、水泵等的低能耗运作。智能管理系统通过对各种设备实施有效的实时监控，能自动根据室内外环境温度调控空调系统的水温及送风温度，根据照度来调控照明系统等等，达到最大限度节能的目的。

6 研究并推广能源计算软件

对建筑物各种耗能装置和各种围护结构进行能耗的计算机预测分析，将使我们能够定量地计算出各种节能措施的效益，减少盲目性，取得最优化。这是节能高科技化的另一重要措施。

7 适当提高室内热舒适标准

华南理工大学亚热带研究室等单位曾对广州地区居民温热感与居室气温关系进行大量调研，其结果如表3所示。

从表3可知，若适当将夏季空调舒适标准从通常的25～26℃提高到28～29℃，不仅满足居民热舒适要求，减少空调房与室外之间由于温差过大容易引起的热伤风等空调病，还可取得节能的效果。

只要我们提高节能的自觉性，充分认识到建筑师和设备工程师在建筑节能方面不是无所作为而是大有可为，并且真正在设计实践中努力贯彻节能措施，则我们有希望延续和阻止全球环境气候的持续恶化，有效地克服能源危机，真正实现人类社会的可持续发展。

主要参考文献

1.Arnulf Grubler.Energy in the 21st Century:From Resource to Environmenta l and Lifestyle Constraints.IIASA Report

2.杰里米·里夫金，特德·霍华德著.熵：一种新的世界观.吕明，袁舟译.上海译文出版社，1987

3.吴硕贤，夏清主编.室内环境与设备.中国建筑工业出版社，1996

4.林其标著.亚热带建筑.广东科技出版社，1997

5.李建成等编.泛亚热带地区建筑设计与技术.华南理工大学出版社，1998

吴硕贤，华南理工大学建筑系教授

时间停滞的城市

王　澍

　　一座城市就是一本"百科全书"，也许有点离题：这本书里到底有些什么东西？它既不是一座存储无用记忆的仓库，也没有一个意义的中心，而是一根巧妙和严密地打结的线，一个创造性记忆和一个复杂的研究系统，它的迷宫是体验的和启发性的模型，是征兆和奇迹，而迷宫的形式就是城市百科的唯一内容（参见帕奥罗.法布里《文本里的迷宫》）。

　　迷宫这种词语魔术和概念图式，是城市构成假设的典型程序。但是，这种方法并不能使我们认识真理，它们只能使我们认识到，城市世界的事物都只是可能性的事物，而没有确定的事物。可能性意味着有对也有错，现代的建筑师只学过如何把城市设计得正确，从来没有学过如何同时把城市设计得错误。有意思的是，如果把现代城市的共同现象做一个简化，那么就是：它们都从一种清晰明了的规划愿望开始，在一个不确定的时间内，城市不可避免地演变为错综复杂、犬牙交错的迷宫状态。到底是什么在决定着城市的潜在构造？这让我想起毛纲毅旷的一段谈话："最近，在拓扑几何学上很感兴趣的问题是：脱离自然而兴建的曼哈顿城，当把这座近代的人工环境综合观看时，其都市形态的轮廓是无限地趋近并沿袭自然的模式。"（见王其亨主编《风水理论研究》）某种意义上，像纽约、东京、上海这样的都市已经从人造事物演变为亚马逊雨林的不可思议的类似物，在这种地方，什么怪鸟都有。

　　可以预见，大多数中国城市也逃不出这种命运，这当然不符合大多数规划师与建筑师的期望。他们的教科书里没有这方面的原理与内容。在一张白纸上建立一座新城的机会总是很少的，何况土地根本不是一张白纸。不过，一般意义上的城市设计，都是面对已经存在的城市，如果是在一个有着长期延存的文化地域，则必须面对已经达到某种迷宫状态的城市。在我看来，流行的成片推倒成片重建的模式，依循预先制定的一套精确的人工语言规范，实际上是当城市不存在。这里面既有对理性的齐一化准则的非理性的偏执，也是对

建筑学本身力量的一种蔑视、一种无能。在丧失了想象的勇气的同时也丧失了直面现实的信心。扫除迷宫就是扫除城市本身。当然，迷宫是不可把握的同义词，把握迷宫就是对城市不可把握性的把握。这肯定是十分困难的。说到底，讨论迷宫就是在世界的微缩模型的意义上讨论理性与知性的关系，就是在讨论城市现实思考的边界。但是，正如布洛克曼所说："一切关于边界的思想都是不容许本身被思索的思想：即关于边界这边和那边如何的思想。……对维特根斯坦来说，这个问题意味着要求沉默。"（见［比］J.M.布洛克曼《结构主义》）。

　　沉默的应该是人而不是城市。在我看来，对人的理性思考的过分强调，使得面对城市的一个视角必然被忽略了。繁复的城市本文的不可把握，实际上吐露了一个事实：城市本身具有独立性，它操纵着任何个人，包括以为可以操纵它的建筑师。正是在这种意义上，迷宫城市与列维·斯特劳斯的"神话"有着某种惊人的相似之处：它们实际上是自存自在的。多年以后，我终于开始明白列维·斯特劳斯所说的："因此，我们并不想说明人怎样思考神话，而是想说明神话怎样思考人，和思考人所不知道的事。"（《神话学》第一卷，P.20）为了坚决否认自己是唯心主义者，他在英译本里补充道："因此，我们并不打算说明人怎样思考神话，则是想说明神话在人之外，并且不用人类的知识思考本身。"这无疑是认识论上的一次突击，但使这种探索有价值的，还在于一种彻底的态度，列维·斯特劳斯的结构主义技术基本上不对历时顺序进行分析。他认为历史上过去了的事件仅作为神话残存在我们的头脑中，而神话的固有特点就是与事件的年代顺序无关。神话不在过去，就在现在。

　　当然，人类学的神话分析不能简单地搬到城市的分析与设计中来，历史上过去了的城市事物也不仅残存在我们的头脑中，也存在于我们身边的物质中，但这可

能促进我们面对城市的认识转向，甚至颠覆当代城市设计理论与实践的基本假定。因为不用知识思考，不以严格的逻辑系统为基础，建造一套精确的人工语言，去对城市中庞杂的事物与功能进行分类、界定，并做数量上的估计，不使用理据性的"分析"、"空间"这类概念，就挖掉了我们认识并设计城市的学理基础，等于让建筑师面对城市白日做梦；准确地说，城市本身和年代顺序无关，即使不指城市停滞不动，也指城市自身的变化并无唯一的时间向度。有人会指出这等于在说城市没有历史，因为按现代的观点，历史提供了为现状辩护的理论，而现状又是历史带给我们必然达到的极点。"发展"、"进步"、"以新代旧"、"逐渐优化"诸如此类的概念不仅以对知识思考的自恋为基础，也以"时间之箭"的历史观为基础。没有这些概念，城市设计的理论与实践既失去价值上的目的也丧失了动力，同时，也影响了工作的节奏，我们都认为城市必须发展，无论是"加速发展"还是"可持续发展"。像苏州那样的城市也许要用二千年的思考与经验才能完满，但今天的城市随着"五年计划"或"三年变样"的节奏变动，某些例子被广泛认可的成功使这类意识合法化了，例如在不到20年的时间内，上海就变成了纽约、芝加哥和洛杉矶的拼盘。更多的中国城市，除了它们流传了几千年的名字之外，实质上已经不存在了。如果说，今天某个城市的某个哪怕不大的区域，需要几十年，甚至上百年的修修改改才能完成，从我们熟悉的知识体系出发，那既是不可理解的，也不见容于专业的或市场商业的规则，甚至会被认为荒谬。顺理成章，认为列维·斯特劳斯的"历史时间制"荒谬的必定人数众多。如果我把城市放在这个时间制中考量，就导致这样一种认识：一座城市的历史时间可以依据不同的时间单位（时刻、时、日、月、年……千年）加以分割，这些由不同的"时制"切分的历史构造各属不同的历史序列，所以说一座城市的历史就是多个历史领域中的一种非连续性集合物，它们同时并在，尽管各领域均有其固有的周期和区别前后关系的信码化规定。就像神话那样，城市的历史是城市设计的现代部分而不是过去部分，它所面对的全部事件留痕都是独立的共时现实。不能从任何单一的理据出发去删减。城市就像地质学上层次复杂的岩石，不同时期的残余物消失其中，没有一个区域是白纸一张，而城市的

历史为城市设计提供了关于过去的想像，设计的首要任务，正是我们现在所了解的过去那些无论好坏的城市社会的结构转变，从一种社会现实结构性的转换到另一种类型的现实，而真正的现实并不是许多现实中间最明显的一个，时间向度也无一定之规。

这种思考对我们习惯的城市设计的理论与实践的批判相当含蓄，首先，它意味着我们现在并不是处在特别优越的状况中，向前发展不是唯一的选择。其次，城市做为一种人类理解世界的模型建造，包含着迄今为止所有的思维向度上的语言。伴随着动物性向人性转变和自然向文化转变的语言出现，人类也从表达感情状态转变到思维状态，如卢梭所说："最原始的语言都是诗歌般的；推理只是较晚的思维。"而城市的非时间性的思考，把视野伸向从诗歌到推理之间一片广阔但大多被现代人所遗忘的领域。人们并非学会了推理就离弃了诗歌，城市的结构观就是这两者之间无限多层的织体，纠缠交接。任何试图在短期内做整体转变的企图都预示着文化上的灾难。第三，这种同时共存城市结构的固有特点，做为一种观念上的模式，它能以其可理解性与习常现实相区别，因此它可以有真有伪，可以是适当的，也可以是不适当的，甚至是完全矛盾的。我把城市看做迷宫，就是把城市的语言看做多种推理能力的并置，并且不急于去区分优劣。实际上，甚至对自然与文化之间的区别的初步认识，尽管看似远不如现代的理智优越，也足以阐明城市社会在结构上的规则特性。

这种既非自然也非文化，既非诗歌也非推理的"初步认识"，不在城市遥远的过去，也并非像某种"本质"深埋在城市事物之下，它常常就在我们手边，却遗落在我们经过知识思考教化的视野之外。城市的结构是自然语言和人工语言产生的记号整体，而一个符号的整体与一种病一样，既不隐藏起来，也不是看得见的，而是难以认识的。认识的障碍就是我们当做自然而然的知识思考本身。具体到城市设计的学理，我的体会就是：它为了可理解的东西可以轻易舍弃可以观察的东西，反过来也是如此。

设想这样一种能力，它不使用现成的知识思考，把个人在城市中的某种非思想的经验与理智的观念构造结合起来，把过去的反省看做当代的假设，它并不分析，或者说，在这类分析过程

中，对城市事物无时间顺序，无等级大小优劣进行诗歌式的排列；错综复杂的城市事物，经过这一双手，马上就由混乱状态转而变得清晰明了。它是一种观念的虚构，却可能把城市真正的、往往不是最明显的现实秩序引出来。在我看来，这种能力应该是和巴尔特所谓"结构性体验"相似的东西，对于我们来说，它的陌生性在于：对城市的读解本身必须借助理论模式展开—模式构造理论，同时构造现实——而在这个过程中，现实的结构本身也将必须被构成。罗兰·巴尔特在《符号帝国》一书中就实践过这种对城市的"结构性体验"——"没有地址"既是东京的一种固有特点，也是巴尔特的一种构造：

"这个城市的街道没有名称。当然，那里有一种书写地址，但那只具有一种邮政价值，它属于一种平面图(由街区和楼群构成，但决不是一种几何图形)，个中知识只有邮递员才知道，参观者一窍不通。世界上这个最大的城市实际上是无类可归的，组成这个城市细部的那些空间都没有名字。这种不标明住宅的做法似乎使那些习惯于坚持'最实际的常常是最合理的'这种看法的人(像我们)感到不方便(根据那种原则，最佳的城市规划就是那种以数字号码排列的城市，例如美国的城市……)。东京还使我想到，合乎理性只是众多系统中的一个系统。由于那里将会把握住真实的东西(在这种情况下，是指地址的真实)，所以有一个系统也就足够了，哪怕这个系统显然是不合逻辑的，复杂的毫无用处，莫名其妙也毫无关系：我们都知道，好的bricolage(法文，原意为'干零活'；利用手头现有的东西修修弄弄，或利用手头现有的东西制成的物品。这里指在原有的城市布局基础上略做修改和扩建的城市结构)，不仅能够使用很长的时间，而且还能够进而使上百万已经适应了技术文明所有优点的居民感到满意。……对那个丛林或树林所作的一种十足平庸的描述，拿来用在一个主要的现代城市上，则很难说是平庸了，人们对这个城市的了解常常通过地图、指南、电话簿来获得，简而言之，是通过印刷文化而不是通过姿态的表演获得。这里的情况恰恰相反，住所不是通过抽象性的东西来表现……这个城市只能通过一种人种学(注：人类学的法国叫法)的实践活动来了解：你身在其中，必须确定自己的位置，位置不是通过书本、地址确定的，而是通过走路、观看、习惯、经验确

定的；这里，每一种发现都是紧密的、脆弱的、它只能通过你对它给你留下的痕迹的回忆来重现或重新发现；因此，第一次参观一个地方，就是开始书写它；地址没有被书写下来，它必须建立自己的书写。"

城市的秩序取决于分类，"没有地址"不等于没有分类，也不等于是某种不能落实在平面图上的"城市形态"。巴尔特发现那里的居民都擅长即兴画出这样一些表示地址位置的草图："在我们看来，那就像速写，在一小片纸头上，画出一条街、一座公寓、一条河、一条铁路线、一家商店的标志，互述地址变成一种微妙的交流。"(图1)于是分类以画画的性质发生在日常生活中，居民也具备某种设计的素质。这种用于分类的图画也见于中国的城镇，例如这张清末务峰全图。但是，如果我说它可能比我们专业性城市设计的平面图更优越，想必会遭人非议，因为它甚至连一张准确的测绘图都算不上。这当然不是一张可做数字估量的测绘图，所描绘的事物多少有点莫名其妙，例如一堵墙被标以名字突出出来，而周围的房子却没有名字。它也不是一种地理概况，因为它出于某种经过认真选取的事实而非出于一种地理学分类的合法性，但我要说，这张图实际上包括了这个例子的所有东西：一样都不少。它们是用于联想的东西而不是地理规定的东西，有着我们专业图纸不可比拟的复杂性：图上的每样事物都是用来思考的东西，能用可观察的现象表达不可观察的事情。看似错乱的分类使图上的东西组成某种代码的方式，可能为村民理解日常生活中的大事提供要契。

图1 书写地址，罗兰·巴尔特《符号帝国》

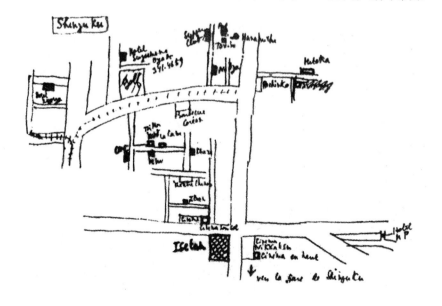

把几座有名字的山峰、几座没名字的山峰、田、地、某个水坑(肯定不是全部水坑)、一堵墙、若干有名字的房屋形状，一块只有名字没有图形的房子、一座坟墓(而不是全部坟墓)、一片特殊的树(有名字)、一片无名的树林、一个不同寻常的碣或石碓、一块有名字的石头……把所有这些以完全等价的方式都画在一张图上，并作为某种城市设计的学理基础，相信当今没有哪个建筑师做得到，因为根本没有学过。但这张图却可能是关于这个村子真正现实最恰切的描摹。图上的东西明显的等价并不是说它们都表明了某种同一性事物(就像我们的专业图纸)，而是所有东西共同表明了这个村落事物的总和，这种总和不是任何特殊的专业规范所能确切表达的东西，它是村落中所有事物共同表达的一种必然的，诗意的真理，尽管这种真理是一种讨厌的矛盾(图2)。

一张矛盾的平面图不等于不能操作。围绕这张图，我们还可以选择另一种方法来操作。如果我们从习俗行为的特定顺序出发，那我们就会把它看作一种单位语符列①的并置图示(它们由连成系列的情节组成：植物、山、动物、房屋甚至人在其中显然是可以互相转化的，文化和自然是混在一起的)，看作本身就是历史残迹的，在一系列文化另零现象中固有关系的特殊情况。如果我们以这种特殊情况为例，这些图上的东西，把我们的思想与那个图上世界分开的东西，即把可理解性与现实分开的那种东西，就像作为风水学基础的八卦演算有一种数学性质。把图上做为组成部分的各系列排列、组合，以一种类似程序的编制，我们就可能得出这个村庄的完整

结构，即主要题材及其他种种形式——一系列的范例(隐喻性类型)。这种做法使我们注意到所有他种可能的变化，如果这些其他变化都确实存在，它的总和结果，符合中国任何地方人类智力的某种根深蒂固的组织原则。这种原则在理论上或许还能让人接受，但它显然和现在城市设计的理论和实践背道而驰，并且不能落实在任何逻辑的、量化的、同一性的语言上，不过，真正的理论思考，只有在脱离习常经验的直接性时才能存在，否则，城市设计基本上不过是一种技术性的设计实践而已。实际上，如果我们不急于为城市的现状抛出某些新的，马上管用的"治疗方案"，那么我们就会在这张清末的城镇总图上读出一种平和的东西，一种亲切而又确定的东西。并且有可能把这类城镇构成模式看做是具有精确、彻底和不太复杂的定义的理论构成物，惊诧于如此简单的模式如何能够包容如此一大堆在今天的专业图纸上不可能凑在一起的东西，它们必定在某种更加宽广的范围上与现实类似。可能是有缺陷的，结构上不完全的，甚至毫无理路，却有着某种恰切的分类法作为营造设计的根基。尽管我们不容易理解，因为我们已经"忘记了"。

从我们把这些今日已不能理解的东西忘记之日起，空间与分析就已经会合为城市的单调乏味而出现——必须像治疗疯狂和疾病一样去治疗这种单调乏味。这让我想起米歇尔·福柯的见解，对他来说，这种由空间与分析引起的单调乏味在中世纪的末尾开始出现，而对于中国人的生活世界而言，它就发生在这个世纪，前面讨论过的那张江南村镇全图只是1904年的版本。于是我们体会到一种认识论的断裂，且如福柯在《词与物》中所言：一旦断裂发生，突然出现的就已是完全不同的东西，要跨越这道认识论的鸿沟，依靠的与其说是知识思考，不如说是某种把自身连接到思想上去的"非思想的东西"，现在思想不再可能是理论的了，它自身就是一种冒险的活动。具体来说，试图回忆"忘记了"的东西——它被遗弃在一个完全不同的特殊知识时期……和释梦的工作非常相似。我想象着一种城市设计的教学，它必须采取一种被弗洛依德解释作构造(Konstraktion)的补充方法。

"……应诱导患者(教师与学生、建筑师与市民/使用者)去回忆他所经历过的和抑制过的那些事情。这一过程中的动

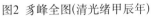
图2 豸峰全图(清光绪甲辰年)

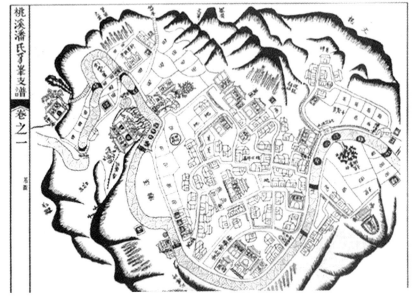

力学关系如此有趣，以至使精神分析家所做的其余工作都黯然失色了。精神分析家即未体验过又未抑制过任何有关的事情：（我怀疑这种自认健康的优越感）回忆那些事情不可能是他的任务。那么，他的任务是什么呢？他必须从那些事情留下的痕迹中去猜测被遗忘的部分，或更确切的说，他必须把它构造出来。他把自己的构造告诉患者的方式，目的和解释内容，就在精神分析工作两个部分，即他自己的贡献和患者的贡献之间产生了联系。"（同上）。

在精神分析学中最重要的"记录"不是梦，而是语言。精神分析家和患者间的关系的构造性质是语言学性的。当然，城市不像语言一样有一定的字词和语法，但也有其惯用语（如类型）和发言立场。在这一过程中，或者经由居住、漫步、观览、谈话、绘图，或者经由一段本文所完成的构造，必然属于结构领域。

猜测的构造不同于理智的事后解释，在我看来，城市设计的理论与实践一向是解释论的，因为他们没有注意自己讲话（言语或图则）本身的重要意义，流行的见解是：只要能把思想表达清楚，如何在论文中遣词造句，如何制图就无关紧要。按照拉康的看法，这种解释论："企图丢掉词的基础，也不研究词是如何使用的；……但是他们也有丢掉他们自己的语言的危险……并转而推崇习惯的语言。"中国建筑师丢掉的不仅是自己的语言，他们也忘记了"想象的东西"，包括没有受过专业语言训练的"形象"的组织，本质上是由"误认"组成的。

把猜测、想像与误认都作为重要的理论概念，不能为传统的（或者说习惯的）哲学与历史学接受，也不能被受技术专制论左右的城市设计学所接受，实际上，它们共享的现代知识系统也不能胜任，但却是文学虚构特有的场所。米歇尔·福柯在《词与物》的序言里，坦承最初的灵感完全来自小说家博尔赫斯的一篇小说化的哲学论文。有意思的是博尔赫斯声称他的突破认识论断裂的"治疗方案"出自一本只被他所偶然发现的"中国百科全书"，题为《天朝仁学广临》。福柯引用的一段话讲的是如何把动物分类："动物分为：a.属皇帝所有的；b.涂过香油的；c.驯良的；d.乳猪；e.赛棱海妖；f.传说中的；g.迷路的野狗；h.本分类法中包括的；i.发疯的；j.多得数不清的；k.用极细的驼毛笔画出来的；l.等等；m.刚打破了水罐子的；n.从远处

看像苍蝇的"，在我看为，博尔赫斯远比我身边的许多人更像一个地道的中国人。相信不少人见到豸峰全图那类东西都激发过一种泛泛的文化兴趣，进而发现进不去也就无动于衷，但博尔赫斯的这个分类法，你可以说它没有理路，没有规矩，不可理解，一派胡言，就是不能对它麻木不仁。博尔赫斯酷似那个已经逝去时代里的中国文人，"他们的文字与匠艺并没有与读者缔结追求真实可信的条约，他们不愿模拟真实，他们喜欢玩闹，制造意外，走火入魔，他们爱游戏，而他们的高超技艺正在这里。"（见米兰·昆德拉《小说的艺术》）。

我宁可把这个分类法看做包含着一种关于"想像的东西"②的方法论：不分析的分析、没有方法的方法。里面有一种恰切，甚至非常精确，把我们面对豸峰全图时的混乱思维与同样混乱的情感澄清为具体的城镇形象，它的意义远远超出一个村庄的范围，在这里，自然与文化，诗歌与推理被压铸在一个新的模型里，它们并不分裂。

这种破坏性的建设效果内含一个前提：摧毁寻常思维和语言命名的范畴，避免了关于城市历史构成的陈词滥调。它对福柯这位法国学者的魔力，则另有理由。因为据福柯的意见，人们对19世纪的城市整体性丧失的痛楚，使得仅仅中国这两个字就可立即让人想像一片井然有序的国土，暗示包含无数的乌托邦。博尔赫斯制造的观念突袭，使福柯意识到那只是站在中国之外的认识，同时显出"我们自己系统的局限性，显出我们全然不可能那样来思考。"把动物并列在那样一个系列里，从幻想直到一般生活经验的选取，不要说在知识思考里找不到它们可以共存的空间，这种奇怪的分类法属于《山海经》，属于庄子，而不属于任何现代意义上空想的"乌托邦"，于是，福柯称这一片不可思议的空间为"异托邦"，那里根本没有语言描述与分析（巴尔特在《符号帝国》中称之为：这些都是西方话语篇章的主要表述情态）的可能性，只能是地点错乱和语言错乱，即地与名完全对不上号的所在，甚至干脆"没有地址"，也没有那个必要：

"在我们梦想的世界里，难道中国不正是这理想空间的所在吗？在我们传统的形象里，中国文化乃是最讲究细节、最严守清规戒律、最不顾时间的变动、最注意纯粹空间轮廓的。我们想到中国，便是横陈在永恒天空下面一种沟渠

堤坝的文明，我们看见它展开在整整一片大陆的表面、宽广而凝固，四周都是城墙。甚至连它的文字也不是以横行再现时间的起伏逃逸，却以直行树立起静止的、尚可辨认出来的事物本身的形象。这情形使得博尔赫斯引用那部中国百科全书及其分类法，把人引向一种没有空间的思维，引向全然缺少生命和地点的词汇和范畴，却又生根在一片仪节的空间里，到处满是复杂的图形、交错的路径、奇怪的地点、秘密的通道和意想不到的交通来往。如此看来，在我们所居住这个地球的另一个极端，似乎有一种文化完全专注于安排空间的次序，但却不是把天下万物归于有可能使我们能命名、能说、能想的任何范畴里。"

把中国联系于一个毫无连贯条理的空间，一个完全谈不到什么逻辑次序的空间，即使对于我们，也无法一下接受，但是，不连贯不等于无条理、无逻辑不等于无次序，在那张豸峰全图上，我看到一种有关具体事物的科学，它在自然与文化之间的连系意味着生活世界的完满，它优于我们现在对于具体事物的所有知识，促使我离开历史先验成分的限定概念，转而研究生活的具体类型。然而为了理解这一点，我们必须能以相应的词语来看待自己的知识系统，认识总以一个系统为条件，这有助于让我们理解一个社会如何产生各种固定型式，即做为人为方法加以利用，接着社会又将其作为内在的意义，即自然而然的东西，加以利用。正是我们对象豸峰全图的实际上的不理解，让我们再一次体会到一种认识论断裂的存在，它的影响渗透在城市建造的一切细节。北京房管所的工人现在甚至已经忘记了四合院的基本维修技术（《建筑师》87期《北京大杂院个案调查》，李秋香），这使我意识到，我们的城市设计的理论与实践技术在什么样的程度上，已经日趋雷同于西方的"知识型"。

"知识型"（episteme）是福柯在《词与物》一书中提出的基本概念，意思是一个时代中决定着各知识领域中所使用的范畴的认识论的结构型式。围绕着这个概念，福柯提出了一种不连续的哲学，它把历史和认识论看做一系列的断裂，变更与转换。欧洲近代文化史上每一重要概念都有其特定的产生条件。"知识型"制约着具体思想产生的那种隐蔽的认识结构，它是某一时代认识论基本观念的一套配置。

布洛克曼对这个看似抽象晦涩的术语做了清晰明了的说明：

"在词与物之间存在着秩序的型式（图表、统计表、元素表、整序编码、密码），这些型式把词与物结合在一起。科学、语言、技术、知觉系统，起着这种联结的作用。秩序就是从事物自身内的诸规则性中产生的那种事物的性质。这个秩序只能通过一种视觉的，一种语言的，或一种专门科学论证的格架被察觉。秩序极少直接显现。另一方面，一种文化的基本信码决定着人进入经验秩序的方式——他将以这种方式生活和工作，说话和思考，并完成其自我实现。科学和哲学试图向他阐明，为什么这样一种秩序竟会存在，为什么他要服从它的原理，以及为什么是这些秩序而不是其他秩序在决定着他的生活。在事物本身固有的秩序和由文化信码引起的秩序之间，存在着一个更混乱、更难分析的中间领域。在已被编码的眼睛和内省的知识之间，存在着一种可以在其中体验到秩序本身的中间思考过程——一个在一切主体进行思想、说话、观察或行动之前就已存在的无主体知识领域。"

对福柯来说，中国，那片经博尔赫斯发现的分类法所构造出来的不可思议的空间，就是这个无主体知识领域的主体模型。我更要说它就是一座名叫中国的城市，它和物理意义上的尺度毫不相干，可以压缩、移位于一张豸峰村落全图上，也可散播在苏州某座园林的院墙之内。它并非是历史主义意义上的一个原始阶段，被舍弃在过去，而是被失落在我们经过编码的眼睛和内省的知识之间，它不是一块荒地，就在我们的手边。但是，想要进入这片领域非常困难，就如豸峰全图，现在的专业建筑师大多对它抱文化上的兴趣，却不会以为它是比我们习得的专业规则更优越的城市设计图则。实际上，它有着具体的可操作性，可能被形式化，只是在我们既有的知识系统中不能操作。

谈论一个无主体的知识领域，就是在预言我们自己这个时代的结束，结束的是世界同一性的思想，结束的是被描述为一个前后取替的连续事物的历史话语，结束我们的各种"科学的"和片面的世界观，而博尔赫斯的"中国"，那张豸峰全图上的、苏州园林里的中国，则展示着把这些片断的世界观结合为一个整体的可能性。就城市设计而言，如伍茨所说：当今城市最糟的是它的支离破碎，所以他喜欢"织体"这个概念。

要进入这个无主体的织体，必有一个前提：处身在一切主体进行思想、说话、观察或行动之前。对我们这个时代，解除了知识系统的武装，就等于"人"的不在。就等于让我们在一个真空状态中去思考。我们在说话时，很少注意我们如何说话，在说话之中，很少注意词与词之间是有空白的，而在我们滔滔不绝时，城市自身的事物秩序沉默无言。

正是在这种意义上，我不想说明人如何思考城市，只想说明城市如何思考人。这种思考只可能在我们的知识思考之外。但是，正是这种"消失的人"的真空状态为我们提供了新的可能性。让我们摆脱事先制定的一种普遍有效的思想指南的人本学的支配，使人和城市中的每件事物一起被相互等价的形式化了。结构不再是像城市规划总图那样君临于城市之上的人的语言，也与我们强加给城市的任何"形态"毫不相干，在这里，对城市秩序的呈现，做为主体的人不具有自己无所不知的根源性———句话，城市的共性比个性更原始、更根本。这个共性和出于人本的所谓"本质"、"集体性"也毫不相干。说到底，人的存在不再等同于某种认识框架、统一体系、整体规划与设计，他只不过是城市中的一个成分而已。任何出于主体的"先验的"的反思再也不能成立了，无论它打着"天人合一"或是别的什么名义。

在这里，城市在实践中显示的方法比方法产生的城市更为重要，城市"如何"比什么"是"城市更为重要。于是，城市设计更像一种诊断，但并不急于抛出应时的"药方"。如果说，我们避免不了一种断裂，不仅是在知识上，而且在实践上，而且除了我们既有的知识体系之外，实际上一无所有，那么留给当前城市设计思考的唯一任务就是去描述使科学和日常的事物言语及设计得以成立并受其支配的话语的全部层次，在词与物之间的城市秩序形式(图、图表、统计表、元素表、整序编码)的全部层次，并在这种描述中时刻警惕主体性的偏见。正是从这种对主体性的拒绝出发，我们思考城市的"不在的结构"与"敞开的结构"。(这分别是翁贝尔托·艾柯两本符号学专著的书名)。

于是"城市是什么"就是一个根本不能问的问题，虚构城市就是关于城市不是什么的思考。在这里，可能性才是最根本的问题，诊断比药方更加重要，因为诊断总是若干不同诊断同时并存的诊断，可能性与城市话语秩序本身是有联系的，甚至就是一回事。

由一种分心的思考指引，我漫步在城市自身的论述与关于城市的论述之间，把一些实验性的诊断献给中国城市的多种(永远不会是全部)的未来。

类型学与具体性的城市

长久以来，建筑师已经习惯于运用不包括"树"或"动物"这类概念的字词的语言，既使这类语言含有各物种和变种的详细品目所必需的一切词汇。城市设计平面上的树只是一串圆圈，模型上也类似，因为它们都是抽象思维的证据。中国建筑师甚至忘记概念的"概"也是"木"字偏旁，来源于对植物的意指，即使我们需要"树"，它也首先属于"绿地"这个抽象的分类。我相信，很少有几个建筑师能够说出一座名园的物种品目，即使连屋前屋后的花草树木也常常不能分辨清楚。

在豸峰全图上，人们既可以看到与现在设计平面相似的情况，但也有相反的。山峰、树木、田地、房舍、道路、坟墓、石头、水井等等，有的有名字，似乎人们用名字来称呼的只是那些有用的或吉祥的东西(有害的照例是不提的)，其余的种种都含混的包括在抽象的类别中，但这些类都有尚可分辨的形象，使抽象词汇具有某种感官具体性。

人们对某些东西的不关心，或许与专业建筑师对自己领域没有直接关系的现象的漠不关心并无什么区别。这种不关心与其说人们认为某些东西没有"用处"，不如说它们不能引起"兴趣"。这两个词并不相等，"用处"着眼于实际，"兴趣"着眼于理论。有名字的东西特殊的文化意味，显示后者更受强调，正如人类学家韩迪指出的："生存，就是充满了精确的和确定的意义的经验。"

也许有人坚持认为豸峰全图的不够抽象是一种缺陷，这使它不能进行现在的设计操作，但并不等于它缺乏理论性，只能说明它运用着一种概念规定不同的语言。使用词与图形的抽象程度并不反映智力的强弱，只是由于所强调和详细表达的兴趣不同。如果我们翻阅清末以前的城镇与园林图则，就会发现那时期的中国语言无论是词还是图，都更加具体。例如植物，就喜欢直接称呼

"桃树"、"山茶"、"白果"、"香樟"，但我们不能由此得出结论说，这类概念缺少一般性的观念，既使直接在图上细微画出形态差别的草、木、房舍也同样有资格被看作抽象词，并且更具有概念的丰富性。我们把抽象概念数目的激增、图形形象的理性特征以及对城市中不同事物在性质上的细分做为客观知识的标志，却忽略了像豸峰全图这样的图纸，仍然包含类似的智力运用和观察方法，并且在求知欲上似乎比我们更加均衡。让人感兴趣的是，图上的事物以相似性分成若干系列，而绘制者在区分同一属内各个单位元素之间的差别时表现出精确的辨别力。村落中的祠堂因为冠名和更复杂些的形象而与其它房屋区分开来，但在祠堂这个系列之内，有着明显的相似性，甚至相同，让人觉得一座同样的建筑被盖在全村的不同地点，仔细注意，就会在出檐深浅、门的形状之类地方发现差别，或者因为旁边是否有一个水塘而不同，从建筑学的角度看，这过于微妙，几近雷同，但我以为，这些区别决非无关紧要，显出感官的敏锐，可定义城市构成的一个原则：相似性区别。这也是中国美感经验中常见主题，例如，人们大多知道王羲之的《兰亭序》中有四十几个"之"字，个个不同，但之所以出众，是因为这些"之"字都用行楷，且结体极近似，并非借助夸张手段来获得其"可识别性"，这种对"最小区别原则"的兴趣也见诸于邻近的事物，周王庙与汪帝庙就像并列建造的两座相同建筑，但你也在门上见到区别，很明显，但不会在结构上，只会在细节上。这种情况也可以在图上所有邻近而又属于同一系列的事物上发现，不仅限于房舍，暂可把它定义为城市构成的第二个原则：邻近性区别。它同样本着一种质朴与雅致，甚至可以说，区别总是被推迟。

过于强烈的区别只说明感官的退化与粗糙。如果深入到这图上的村落调查，就会发现这里的人们具有敏锐的感官，他们精确注意到田野山峦生物的一切物种的种属特性，以及像风、光和天色、水流和气流等自然现象的最细微的变化。他们完全是其环境中的固有部分，而且更重要的是，他们始终不断地研究自己的环境，当一个农夫不能确认一种特殊的植物时，就品尝其果实，嗅叶子，折断并察验其枝茎，琢磨它的产地。只有在做过这一切之

后，他才说出自己是否知道这种植物。一个农夫常常也是一个木匠，是业余的建筑师与建筑工人，能够认出哪块小木头是属于哪一种树上的，而且通过观察木头和树皮的外表、气味、硬度和其它属性来做精细确定。这种对周围生物环境的高度熟悉、热切关心，显示出与都市居民判然有别的生活态度和兴趣所在。这种知识及其使用的语言手段也扩充到了形态学方面。动、植物身体上的每个部位或几乎全身，都有确定的名称。整个村镇也是如此。这让我想起大木作中，同样的柱子、房梁等构件因其部位不同各有名称，它们的形态学上的意义因可被分解、拆卸、循环利用而被加强，它们被规定了各自的特殊用途，这说明人们细心灵巧，体察入微。我相信，像豸峰这样的地方，村落里没有什么东西会因结构解体而被舍弃，相反，几乎所有的东西都是有用的，同时，人们头脑中对自己可以利用的资源拥有内容丰富的一览表，他们都是大分类学家。应该强调的是，所有这些东西不是由于有用才被认识的，它们之所以被看成是有用或有益的，正是因为它们首先已经被认识到了。

现代分类学理论家森姆帕逊指出："科学家们对于怀疑和挫折是能容忍的，因为他们不得不如此。他们唯一不可能而且也不应该容忍的就是无秩序。理论科学的整个目的就是尽最大可能自觉地减小知觉的混乱，这种努力最初以一种低级的，而且多半是不自觉的方式开始于生命的起源时期。在某些情况下有人很可能会问：这样得到的秩序究竟是现象的一种客观的特性呢？还是科学家创造的一种人为的产物？这个问题在动物分类学中不断地被提出来……。然而，科学最基本的假定是，大自然本身是有秩序的……。理论科学就是进行秩序化活动，如果分类学真的相当于这类秩序化工作的话，那么分类学就是理论科学的同义语。"（见列维·斯特劳斯《野性的思维》）。

这让我们可以回顾博尔赫斯十分奇怪的"中国动物分类法"，不在于这种分类是否有逻辑性，以及它们是否和人的感官"科学的"相匹配，而在于是否能通过这类事物的组合把某种哪怕是最初步的秩序引入世界。不管分类采取什么形式，它与不进行分类相比自有其价值，同样不能忽略的是，采用一种分类法而不致于损失感官上的丰富，应该被用做评判分类法优劣的基本指标。

当我把"相似性区别"与"邻近性区

别"定义为城市构成的二项基本原则时，有人会质疑取自乡村小镇的特征如何可以套用于现代的大都会。这种认识上的歧异是和认识论上的断裂有关的。也让我对这个世纪先锋派建筑师的立场有兴趣，因为他们处身于一次新的断裂发生之时。让我们来看一下柯布西埃的几张草图，不难看出和夸峰全图的基本相似性。第一张像是一棵树下飘落的枝叶，可能是在一场自然的风雨之后。但图边的文字显出这不仅是一张艺术家的速写，而是包含了对自然界的深思默想。"森林中松树下雪上的线条，出自断枝、落叶和苔藓的非常织毯。"（见《LE CORBUSIER MY WORK》）。被沉思的是"决定"这一切的还不知道的结构秩序，它看上去是——至少在它彻底暴露之前——某种有计划的混乱。树木、断枝、落叶、苔藓被细致的区别出来，这种严格性与精确性接近一位分类科学家的工作(图3)；第二张草图明显是形态学的，一只完整的蜥蜴被分段切割，如外科手术的解剖，没有必要直接在图上标明不同部分的不同称呼，这里图形所传达的胜过语言。更有意思的是，从一只完整的蜥蜴到切割下来的头、足、躯干、尾、爪都被描绘了至少两次，出现在图上相邻或不相邻的位置，被描绘的相同对象之间只存在些微的差别，似乎只为了刻画到十足的精确。在这里，我们又看到"相似"与"邻近"两个原则在认识上的作用，但容易被忽略的是：这些零碎的东西在图上的位置以及它们之间的空白都非无关紧要，图中头尾完整的恰恰不是一只完整的蜥蜴，一只完整的蜥蜴就是那张图的全部编配(图4)。这让人联想到胡塞尔举列的如何"看"树的例子，柯布西埃的观念不仅是分类学与形态学的，也是形象学的；如果说前两张草图着眼于事物秩序的构造方面，第三张草图就以重造为目标，带有几分哲学反省的意味。"邻近"与"相似"做为对象据以发挥作用的规则被显露出来，就像前二张草图的影子。在显现为有计划的混乱的自然事物与被人重造的图样之间，我们发现了关于世界秩序的可理解的因素，并以一种并不复杂的技术形式体现出来。于是我们可以理解图边的文字："一种装饰语法……但纯粹与简单即是一种有意义的东西，它做为一种句法，把事物聚拢，对柯布西埃来说，制做装饰是一种必须进行的训练。"(图5)（同上)但必须强调，柯布西埃以后的现代建筑师更着眼于重造，而几乎遗忘了构造方

面，而只有把构造与重造活动不可分的联系在一起，才是人类每一项设计性活动的根本(这在胡塞尔现象学的意义上通常就是一种"本质性的"活动)。就对"构造"的丢失而言，柯布西埃可以说预先达到关于城市与建筑认识上的一个更高阶段，我们所经历的，倒像是这个阶段的退化，如果说我们除了由先锋派奠定基础的现代建筑语言，实际上不会什么别的语言，就必需不断返回到先锋派去，重新阅读。重新阅读也是为了越过这道语言的门槛，在语言的意义上，让中国建筑师回到中国。

图3 某种有计划的混乱(勒·柯布西埃)

图4 一只蜥蜴的形态学描述(勒·柯布西埃)

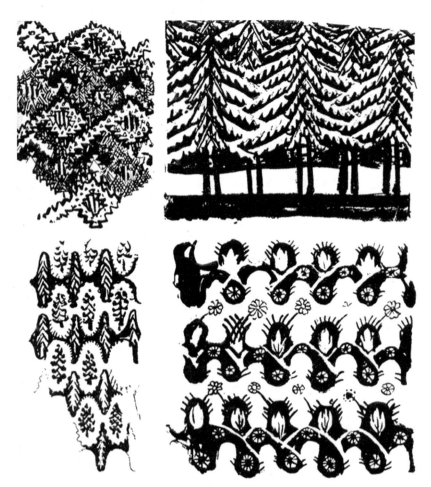

图5 纯粹与简单就是一种有意
义的东西，它作为一种句法，
把事物聚拢(勒·柯布西埃)

既存在于豸峰全图，也在柯布西埃的工作中发挥作用的"相似"与"相邻"规则，告诉我们，城市中的事物，要使其存在方式成为有意义的，首先取决于结构内部诸成分间实际的(邻近)与潜在的(相似)的分界。重要的不再是这些成分的功能或内容，它们在一个系列中的位置，以及该系列在整个城市结构中的位置，同样是重要的。

在豸峰全图上，"位置"概念有着第一位的重要性，仔细观察，我们又可把它细分为两种位置观的叠加：由某种仪式性因素决定的空间次序上的邻近位置与某种和联系广泛的自然事物的潜在秩序所决定的"方位"，这种称作"风水"的系统基本是开放的，建立在一种相似性的原则上，新方位总能取代或补充原有的方位，可供选择的是一连串的系列安排。但这并非说人就可以在布局上任意妄为。一位印第安土著思想家表达了这样一种透彻见解："一切神圣事物都应各有其位"。列维·斯特劳斯进一步指出："人们甚至可以这样说，使得它们成为神圣的东西就是各有其位，因为如果废除其位，哪怕只在思想中，宇宙的整个秩序就会被摧毁。因此神圣事物由于占据着分配给它们的位置而有助于维持宇宙的秩序。"（见列维·斯特劳斯《野性的思维》）。

从某种角度看，仪式是对方位系统的反复操演，位置则是仪式结构的事件留痕。既使今天这种仪式活动大多消失，我们仍能从图纸上对建筑与非建筑的事物情节事件般的名称标注中看到这些仪式的繁文缛节。从外表看，仪式的繁文缛节显得毫无意思，其实它相当于一种广泛参与的对空间次序的微调活动，当一个新的建筑或别的什么，比如一座桥、一条道路、一座坟墓要加入这个村镇的结构中来，就要使它们在某个类别系统中占有各自的位置，不能损害整个城镇秩序上的完整，但也不使任何一个生灵、物品或特征被轻易遗漏掉，与这相比，现代城市设计的理论与实践就显得特别粗略，一些东西的建立往往意味着绝大多数东西的损失。而风水仪式作为另一种城市设计方法，却留意着我们所见到的一切东西，尽管它有时像一种执拗且坚决的决定论，从现代的科学观点看既不可行也失于草率。重要的区别还在于，城镇设计的风水术以一种完全彻底的、囊括城市中一切东西的决定论为前提，而科学的城市设计则以层次之间的区分为基础，只有其中某些层次才接受某些形式的决定论，并以此为基础，制定出规划与设计的法规。这种区别可类比于中医与西医在诊疗上的区别，中医第一眼就看到了一个病人的全部图像，并在看似不可能有联系的症状之间建立起联系，经络本身就是一种完善的位置结构：与之相比，西医看到的不是一个病人，而是一个具体症状的专业记号，除此这外，他什么也看不见，也不想看。我们还可以进一步认为，就作为理论基础的阴阳八卦的数学性质来说，非自觉把握决定论真理的一种表现的风水学与仪式活动，具有严格性与准确性。

建造一个城市，就是建造一个世界，这个世界的完满与它的尺度毫不相干。在这个世界的营造中，最艰难的一项任务就是：把直接呈现给感觉的东西加以系统化、形式化。如果说决定论的真理即是科学现象的一种存在方式，那么风水与仪式作为一种操作程序，在现代科学出现之前很久，就早已被普遍的猜测到和被运用了。而科学对这类东西的注意，只不过刚刚开始。更为重要的是，风水与仪式的决定论只是关于空间次序的某种形式化的安排，就其可以被不断转化与补充，以及对矛盾现象的认可，也可以说它什么也不想真正决定，起决定作用的是事物的秩序本身，而风水与仪式是人唯一可以干预的东西。

任何一种分类都比混乱优越，但这里显然存在着两条不同的分类途径：其中一条紧邻感性直观，另一条则远离着感性直观。第一条可以包容第二条，反过来却不行。风水理论中包含着精确的数学成分，但不同的方位也归结为纯粹的自然元素。过去时代的哲学家、诗人、工匠、医生、甚至农夫可能根据与化学或任何其他科学学科不相干的考虑作出其他类型的组合，而正如森姆帕逊所说的："组织化的要求对艺术和科学来说是共同的……，最卓越地进行着组织的分类学就具有显著的美学价值。"假设确实如此的话，无论是柯布西埃很"艺术"的速写，还是皖南村镇桥屋上不同果实、花卉并置相列的窗户，都首先给人以一种审美上的愉悦。

无足为奇，审美感本身就能通向分类学，甚至会预先显示出某些分类学的结果。这样一种不同的城市设计就建立在这样一种把感官的情绪不定性与理智的确定性压铸为一体的分类知识之上。就像我们在豸峰全图上所看到的，唯一一条确定而无歧义的道路是沿着村边的溪水，它是如此确定以致无须冠名，在这条道路上有三个伸入村庄的入口，分别是怀北里、明街和棣华里，但沿着任何一条道路进去，你都会遇到无名的歧路和无名的房屋，似乎给街道命名只是为了让人迷路，在这里体验比目的更加重要。同时，我们也注意到村落结构在数目上非常有限，就像风水方位中的八个方向一样有限，但你只要进去，就会体验到些微差异间的无限变化，提醒我们，结构的概念只能从某物和它物相互关系的格局内部予以注意，有限结构的无限阐释是因为——"诸物"根本上互相从属。

科学的城市设计相当于发现一种"配置"(arrangement)；但如列维·斯特劳斯所说："任何这类企图，即使是由非科学性的原则所产生的，都能导致真正的'配置'结果。如果我们假定结构的数目按照定义是有限的话，这一点甚至是可以预见到的：'结构化活动'有其自身的功效，而不管导致这种活动的那些原则和方法是什么。"因为"即使是一种不规则的和任意性的分类，也能使人类掌握丰富而又多种多样的事项品目；一旦决定要使每件事情都加以考虑，就能更容易形成人的'记忆'。"豸峰全图代表了一种不同的城市设计的"配置"发现："自然从用感觉性词语对感觉世界进行思辩性的组织和利用开始，就认可

了那些发现。这种具体性的科学按其本质必然被限制在那类与注定要求精确的自然科学达到的那些结果不同的结果，但它并不因此就使其科学性减色，因而也并不使其结果的真实性减色，在万年之前，它们就被证实。并将永远做为我们文明的基础。"

把豸峰，一个村落，看成更优越的"具体性城市"，势必遭人非议。一个村落和一个大都会的尺度差别如此悬殊，如何能够相互比较？但是，像北京等许多城市在上千年以前就已经是大都会了，豸峰和这些城市的关系如同一张完整的丝织地毯与一块地毯碎片的关系，它们不仅相似，而且同样完整。从苏州裁下一块就是豸峰，把豸峰缝补在苏州也恰切无缝。我不仅就它们看来以一种相似方式构造出来这一点感兴趣，我企图说明的是，它们实际上就是以同样的方法构成的。城市设计的方法实际上与城市的大小尺度无关，并非没有重要的理论与实践意义，这也是我们为什么把城市重新看成一种"织体"。

一座织体城市有三个基本性质：第一，整体性，这种性质不会因不同的地理尺度，不会因甚至数千年的时间跨度而有所损失；第二，多样性，是在与人的生活世界有关的一切事物上的丰富的呈现，我甚至认为像苏州这样的城市，二千年所有的一切东西，无论经过多少次灾变与转化，在二千年之后也一样不少；第三，差异性，不是建立在单一理据性分类上的差别，也不是用人为意象过度夸张的粗暴差别，而是在感官多样性与理据确定性之间的细腻差别，以至于感觉粗糙，思维单一的现代建筑师常把这种真正的差异当做相同。

这种差异在格局上可能有过已经无可推测的变化，但在性质上从不减色。三种性质是如此稳定，以至我们可以恰当地说它支撑起一种真正的城市语言，尽管未必可以在现代的"设计"概念上去理解，包含的也不止建筑一种事物。它以一种与现代分类理论不同的分类理论为基础，并被自然所认可。它是如此普遍的一种观念，以至你不仅在一个村落和一个都会之间看到整体意义上的相似性，在一座城市和它的一个宅院或园林之间看到同样的相似性，就如套盒玩具。实际上，如果你从天上俯看，就会证实你在地面上，在一座城市和它周围的农田之间看到相似性，从结构意义上

说，一座古典中国城市的平面也可以让农民犁出来，城市中的事物也可比做田里的庄稼，尽管中国的农田总是被细碎的分割，但农民在种植中早就开始严格的选择品种型式。他们的田地正像如今大规模竞争时代的农田一样合乎标准品种、型式。现代农夫只经营很少几个品种，非常精心地保持着品种的整齐一致，这对于商业竞争非常重要。但令人惊异的是，传统细碎的田块就和它种植的东西一般，从全体来看多种多样。这使得植物的不同亚种之间极易杂交，田地之间飘移一些花粉会产生杂交的种质。在这种条件下只有最精心地选择种穗和拔除不合标准的植物才能保持一种纯变种。如果我们看夕峰全图，或者俯看任何一座像苏州那样的城市，都会在全体的多样性中看到诸系列变种的纯粹性。房屋最是如此，城市中混杂着彼此判然有别的房屋系列，但在某系列内部的各幢建筑之间几乎毫无区别，以至你会错觉一座房子被同时建在城市中的若干位置。如果想像在数百以至上千年的岁月里，文化氛围、材料、工具、时机、地点、不同的工匠以及许多偶然事件都会改变建筑，那么，只有固守某种理想类型的狂热态度才能把这些变种保持得如此纯粹，这也使生活世界得以保持并被完整的理解。现代公路以及大城市周边乱七八糟、朝三暮四的田地与房屋让人误会，以为农夫是粗心大意的种植者与造房工匠，这只是因为传统的种植术和传统的村落建设方法都已被彻底的破坏。这里的农夫已经不是真正的农夫，真正的农夫是现代城市绝然有别的外乡人，正如巴尔扎克在《古物陈列所》一书中所说的那样："世上只有野蛮人、农夫和外乡人才会彻底地把自己的事情考虑周详；而且当他们的思维接触到事实领域时，你就会看到了完整的事物。"

我把现代城市，特别是中国城市的现状看做织体城市的反面，因为它在织体的三个基本性质上都呈现出相反的特征，并且愈演愈烈。第一，城市正在丧失整体性，这既体现在城乡的断裂与对立，也体现在大都会本身的支离破碎。似乎设计越被强调，破碎就越发明显，让人讶异的是，一座织体城市必然是琐碎的，细碎的分割是它成立的必要条件，但整体性却能不可思议的建立在这种各独立成分的琐碎之上，把看似毫无联系的东西都联系在一起；而现代城市设计却有一种普遍的意识，似乎城市的整体性可以通过扩大尺度，从一座城市和每一座单体建筑的尺度来获得，其效果的失败是明显的。更重要的是，织体城市是建立在囊括城市中一切事物的所有层次上，整体性的保持不因对少数东西的强调就舍弃其它大多数的东西。现代城市却企图在非常单一的几个层次上实现整体性，例如对城市道路交通的强调，这些道路与其说是街道，不如说是城市中的公路，似乎城市生活不是一种时而运动，时而静止的漫长度过，倒像是一种匆忙的通过。必须指出，尽管在城市生活中道路交通是一项重要功能，但它只是在蕴含更多的"度过"概念中的一层，而且从结构意义上说，不算最基本的一层。不是道路决定建筑，而是建筑决定道路。它最终将被一种完整而不偏颇的生活态度所决定，选择于机器的准确规定与放松、模糊的悠闲懒散之间。与道路有关的建筑红线也是一项可笑的法规，它和长期积淀的建筑痕迹全无关系，也可以说和城市的存在全无关系，却有着技术专制的强迫性，坚持它的人就像得了"城市失忆症"，他们却指责不理睬红线法规的人都是病人，不符合红线法规的建筑都是需要除去的病症。城市设计的另一个流行做法就是对城市轮廓线的强调，企图借此求得城市形象的整体性，设计师似乎忘了人是生活在城市之内，而不是站在城市之外几十公里远的什么地方，一旦你走进这些被轮廓线规定，由"可识别"的建筑组成的城市，就体会到真正的破碎与混乱，而无论是苏州，还是曾经也是织体城市的北京，它们实际上根本没有轮廓线，只是一片混沌的整体。空间序列的设计也是流行的手段，城市设计师不仅用它来设计现在的城市，在一个通常横跨一些性质迥异的区域的人为走廊之中粗暴的建立城市的统一意象，而且也用它去分析古典城市，并作为设计手段的证据，散布在各种学术专著、论文、报告之中，关于故宫的大同小异的中轴序列分析就是最耳熟的辩护。这类分析描述出一个从开头、高潮到结尾的完整空间叙事，使人联想到西方古典音乐的旋律结构，或者是序列化的西方歌剧院的场景，专家们似乎忘了千步廊用于官员的办公、午门用于杀头、太和殿广场用于生命朝拜、偏殿用于议事、寝宫用于睡眠、花园用于养憩。它们是一系列等价的场所，性质矛盾甚至相反，生活在里面的人，一生甚至没有一次走完这道轴线的机会，只有今日的游客才可能做这种形式主义分析。城市主要是用来生活的，不是专为旅游的，如果说有高潮，这一条轴线上就有三四个同样撼人的高潮，一个接着一个，等于没有高潮，而所有的院落都相互分隔，并且同属一个变种。它们与其说是在一个时间轴上的接续关系，不如说是日常生活中的并列关系。它没有旋律，但却有一个节奏性的结构，如在一面中国鼓上敲出的鼓点节奏表，它在所有院落里等价演出的相似戏文和西方歌剧毫无关系，而是同时并在的一簇"折子"戏。整个故宫只是一个家庭的住宅，它的主人在家办公，就像北京城里的所有四合院一样，它们都用同一种方法构成，这和尺度毫不相干。和每一个四合院一样，故宫本身就是一座城市，如果说它有一条现代意义上的道路，就存在于这条中轴线，而且只在人为划线的意义上。它只在经过每一道门时收缩为道路，一旦进入院落，清楚的道路就会融化在一个四方的空旷之中，有意思的是，这条唯一的"道路"使用机会最少。其他的道路不如说是一群封闭空间的裂缝，丰富性全在院落内部，如果说有一种整体性，全出于不同院落自我相似的矛盾，这座城市的现实意指的不是外部的现实，而是内部的结构。一座城市整体性的丧失和尺度、轮廓、红线、道路、空间序列等人为的理性规则无关，它始于结构的瓦解，可说是一种内部的贫困，也和上面这些现代城市设计的概念有关，因为它们都体现为一种"记忆"的丧失，一种不可回复的时间，一座"失忆"的城市就和一个"失忆"的人一样，很难被硬说成是健康的；第二，城市丧失了丰富性。不知不觉之间，有如此之多的东西从城市中撤退了：动物、植物、质感、织理以及所有那些不能落入任何既定理解范围的事物，它们体现着某种不易把握的意味，我称之为城市的"钝意"③。有关城市与自然对立的套话什么也不能说明，就像园林里的植物，刻画在城市及其建筑的平面、立面、门窗、屋顶以及所有细节之上的动物、植物和手工劳作的痕迹都不是纯粹的自然之物。它们都是介于自然与文化之间的什么东西。城市设计师正经历着某种语言障碍，他们只会对专业概念所针对的不多的一些东西说话，只会在一种不可回复的时间中向未来做空洞的发言，当他们如此做时，城市沉默了；第三，城市丧失了差异性。人们通常指责正统的现代城市缺乏差异性，很少正视当今所谓彻底多元化的城市不过是平庸的重复。它们同样夸张，强调剧烈的对比与反差，似乎丧失了在同一性与差异性之间的语言平衡。织体

城市在差异的普遍性中确认同一性，我们在其中首先体会到差异性，但同一性并不消失……同一性实际上被差异所证实。如今的城市从同一性的概念出发制造差异性，它强调的只是一种简单的构图而不是城市的秩序本身，既无美感也无文化品质，我们应该时刻记住齐白石的洞见"贵在似与不似之间。"

现在的中国城市都在经历新的断裂，从织体城市的退化到织体城市的取消。整体性、多样性和差异性的丧失也意味着结构性的崩溃，具体性的城市分类学的崩溃，这首先也是分类借以存在的语言崩溃。与其说，建筑师丧失了直接向自然说话的能力，不如说他丧失了在自然和文化、感性与理性之间说话的能力，他不再明白什么是在一切既定知识思考之前的无主体的话语——城市本身的话语。可以把现在的城市设计师和某种"失语症"患者相比较，伊·库兹韦尔曾提到："通过用经验的方法研究失语症患者的语言减少与丧失，雅克布逊在语言行为中发现了一种'水平的——垂直的'两极性，并用这种理论支持了索绪尔关于语言学的结构段方面和联想方面的理论。两种主要的语言失调（即'相似性的失调'和'邻近性的失调'）的出现似乎明显地与隐喻和转喻这两种修辞比喻有关。隐喻基于文字的主词与它的隐喻的代替词之间有明显的相似性，从特征上说是'联想'的，而且利用了语言中的'垂直'的关系；而转喻则是基于文字的主词与它的代替词之间的邻近的或者'前后的'联想，而且利用了语言中的'水平'关系。按照雅克布逊的观点，语言的水平方面与垂直方面的两极性巩固了语言的构成成分之间的选择和结合的双重过程。因此，信息是词的水平的(历时性的)运动和垂直的(同时性的)运动的结合构造出来的，水平的运动把词结合起来，而垂直的运动过程则是从手头的语言中选出一些特别的词。"(见伊·库兹韦尔《结构主义时代》)。

我们可以把结构语言学的发现当作对城市语言的一种启示：如果说城市语言可被看成一种无主体的、自我满足的体系，那么，任何语言结构总会产生某种平行构造的两元轨道，它即是关于内容、功能、语义的，也是关于某种无内容的纯粹书写的，书法在中国就是一种典型的两元构造。这种对语言构造的关注也启示我们，织体城市的构造并不存在一个和技术平面脱离的理论层面，它不需要那种"设计"意义上的建筑师，它有的只是一种介于理论思辩和技术两个平面之间的一种活动。可以被恰当

的称为"营造"，"营"本身就含有"配置""分类"、"组织"的意思，但它和工匠的建造并不分开。我更把这种由结构语言学所可能引发的关于城市语言思考的转向看做向后的转向，无论在中西语言研究中，修辞研究都是传统，把营造看作一种修辞活动，即指在稳定的结构数目内，对"相似"与"邻近"这类做法的持续不断的推敲，我们把这种结构分类的稳定叫作"程式"。并把它作为"创造"的反义词赋予贬义，但"程式"造就整体性的织体城市，"创造"性设计肢解着城市，这应该被看作一种嘲讽。

织体的城市是营造出来的，现代城市是设计出来的。我无意在这里去追溯"设计"概念在西方出现的历史，但它的现代含义在柯布西埃的《走向新建筑》一书中被明确表达，他号召建筑师要向工程师学习。列维·斯特劳斯用"bricolage"一词来意指营造性活动，指出它普遍存在于无史社会，但也以一种工匠式的活动存续于有史社会，在法文中这类工匠被称作"bricoleur"，指用手干活的人，与掌握专门技艺的人相比，他总运用一些转弯抹角的手段，就像一个修辞学家所惯做的。应该指出，斯特劳斯的修补术尽管借助一种与专业设计平行存在的线索，但却是社会中零碎的，甚至是边缘性的活动，但对中国城市而言，只在一百年前，存在的只有营造活动，没有设计活动，而且这种营造以某种发达的具体性科学为基础，它不仅是一种技术活动，同时也能成为一种理论活动，并受一种关于理想类型的分类学指导。它的特征与斯特劳斯的神话有几分相似："……特征是，它借助一套参差不齐的元素表列来表达自己，这套元素表列既使是包罗广泛也是有限的；然而不管面对什么任务，它必须使用这套元素(或成分)，因为它没有任何其他可供支配的东西。所以我们可以说，神话思想是一种理智的'修补术'——它说明了人们可以在两个平面(思辩与技术)之间的观察到的那种关系。"(见列维·斯特劳斯《野性的思维》。如果说中国的营造中有什么明显带有理论色彩的东西，风水术应算是主要的一种，但它和现代设计理论完全不同，因为它完全融化在匠艺之中，甚至可以说，它与营造术是按同样的方法构成的。

工程师是专业的，他的工作依赖于设计方案，并用方案设想和提供原料和工具。从理论上说，有多少种不同种类的设计就有多少套不同的工具和材料组合，它们之间基本上不可通约，一旦报废就成为不能消化的垃圾与废料。营造着的工匠是业余的，善于在不同的行业分类，从打造家具到修建城池之中完成大批的、多种多样的工作。他的工具世界是封闭的，他的操作规则即是像(宋)《营造法式》和《清工部工程做法》这样的做法词典。它再包含丰富也是有限的，参差不齐的。工匠并不设计，因为他的这套工具不能按一种设计来任意确定功能内容。他不能设计一个"结构"，因为他预先已被规定在一个严格而且精确的结构之内。营造法典只应按工具性确定，换言之，无论里面各范例和做法、标准构件如何没有太专门的用途与性能，对每一种专用目的来说，零件也不齐全，但它在一种索绪尔的语言结构的意义上是无限的：每一种"零件"都表示一套实际的和可能的关系，它们是一些"算子"，可用于同一类型题目中的任何运算。它们甚至能够跨越类型，例如佛教寺院一开始就直接套用了院落式的住宅。这里面有一个原则："它们总归有用"，这使城市内各结构成分，大到院落，小到一根可拆卸的木构件，都有循环利用的可能。这让我想起罗马城市对希腊城市的利用，罗马风建筑对罗马残片的利用，隋长安对魏都洛阳的利用，唐长安对隋长安的利用，以及元、明、清三代的北京的修补营造过程。在特殊的情况下，这不仅节约资源，也方便快速建造，由于利用了洛阳的建筑构件，宇文恺的隋长安只用了不到一年，就形成了初步但已完整的格局(见郭湖生《中国城市考》)。

洛阳与隋长安的城市平面明显不同，但宇文恺并没有设计一个长安城，而是对《考工记》所记述的那个过去事件的一个隋代读解，这是典型的工匠作风：他在工作的第一步总是到过去寻找答案。从洛阳到长安，宇文恺搬去的不只是砖、石、木料，因为在中国的营造体系中，纯粹的砖石木料并不存在，它们都是一些成品，不能脱离一座建筑完整的知觉形象，但是，按现代的概念理解，一个知觉对象不可脱离它的具体情景——就是我们称为"场所"或"环境"的地点。更不可能跟着宇文恺的联想返回到考工记所记载的那个时代。但是，它却可能恰切的插入宇文恺的读解之中。这启示我们对织体城市的构造方式做三个理论推想：首先，从《考工记》直到清代末年，甚至直到今天许多尚未受到现代城市设计概念影响的偏僻乡村，它们都使用着同样的构成方法；其次，每一座新的城市的建设，或是一座城市内的新建设中，过去的事件都在现在被讲到并被反复讲到，因而这些城市中的所有事物，从突出的建筑到所有细碎的细节，都呈现为可在时间中往返运动这一事实，它们似乎在这里又不在这里；城市做为诸成分的织体，存在着两个时间的向度：可回复的时间和不可回复的时间，它们分别对应着事件与结构，运用着的建筑言语与潜在的建筑语言。

可回复不等于可以回来。营造作为在既定结构内的一种事件，依赖于什么样的建筑元素可以在时间中往返运动？会是一种形式主义的模仿吗？如何可以想象去跨越甚至数千年的时间跨度？是功能不变还是根本没有功能"是怀旧的妄语还是一种关于城市的神秘的冥想？

维特根斯坦在《逻辑哲学论》中第6.44条说："神秘的不是世界是怎样的，而是它是这样的。"第6.522条："确实有不能讲述的东西。它们自己显示出来，这就是神秘的东西。"离开了从原始到现代的城市编年，等于说城市的固有特点和不同时代的事件无关。列维·斯特劳斯把这种时间意识称为"地质学的"。在某地形中，在较近发生的沉积物边上可能会找到极其远古的石块，但我们不能就此论证远古的石块比较近发生的沉积物低等。有生命的物种（包括人类社会）也是这样："有时，我们在被掩盖住的裂缝两边发现两种不同的绿色植物。每一种植物都选择了它所适应的土壤；我们在石块中认出了两块菊石，其中一块菊石已经退化，不如另一块复杂，我们一看这两块菊石，就说它们有成千上万年的差别；瞬间，这就把时间和空间混合了起来；活着的不同绿色植物此刻把一块菊石的年代与另一块菊石的年代并列了起来，并使之永远保持下去。"（《苦闷的热带》P.60）。由此，作为人类学家的列维·斯特劳斯推想，一切知觉都浸透了过去的经验，并且"继续存在于搀和着空间和时间的一瞬间的活生生的多样性之中。"如果我们也能够接受这种观念，即认为"历史并不像历史学家所写的那样，历史就像地质学家和精神分析家所看到的，是企图用时间，或者毋宁说用一种'舞台造型'的方式，把物质世界和心理世界的某些基本属性表现出来"（同上），那么，我们就可以同意列维·斯特劳斯的观点，即当我们回忆往事时，历史就变成了现在的一部分。通过这个"舞台造型"，城市

中的现实从一种类型还原为另一种类型。织体城市的每一次营造，第一步的工作都是回顾性的，也就是把过去的城市讲述一次，或者把过去的事情每回忆一次，城市的历史就被重新构造一次。城市的历史不是与一个特别时期有关的"客观"事件系列，而是存在于一个特别"时刻"所发生的心理结构的交织中。由于过去变成了现在的一部分，关于织体城市的理论就是对关于城市的历史进步与历史发展的传统理论的拒绝。

在技术水平上，可以把这个"舞台造型"看作必须增加的另一种分析单位，它使用了一个第三时间向度。在列维·斯特劳斯的神话分析中，把这个新的分析工具叫作"一般的构成单位"，并把这个概念定义为，在一个句子中的两个或更多的词的有意义的结合。这个构成单位可能是一个句子或一个句子的一部分，它能够克服时间限制，把过去、现在和未来联系起来。我一向重视罗西在《城市建筑》中的类型学思想，他坦承受列维·斯特劳斯神话分析的启发，在他那里，与"舞台造型"相当的概念被称作"类型化造型"。实际上，"一般的构成单位"与"类型化造型"共享着一个语言学概念，那就是记号。罗西指出：类型就是记号与作为记号的形象，它凝聚着一个城市对以往的集体性记忆，一个类型可以是一座建筑的潜在构造，也可以是一个住宅区域，它与功能变化毫不相干，但也不是有无限能力的抽象空间概念，而是至少由两个空间单位组合而成的有意义的组合，例如一个"十字型"空间，或是一间房屋与一个院子的组合，这与现代设计中概念性空间毫不相干，因为它不可能脱离一座城市的同时并在的文化历史，以罗西为主角的意大利类型学派办过一本建筑学杂志，叫做《反空间》。

"类型"作为记号的组合，如果作为城市设计师操作的对象，就意味着城市设计是由城市的心理过程与历史过程留下来的零零散散的观念所组成，并像这些观念本身一样缺乏必然性，这也使得"设计"成为不可能，因为"类型"并没有确定需要完成的功能，于是一张城市的设计总图就不可能严格地联结起来。实际上，任何一座织体城市都不能设计出一张总图，它也许有一张意指性的总体略图，或者有一些相对于某个系列的临时性图纸，但它真正的总图，只

能在一个特定的"时刻"被测绘下来。于是，想要设计一座织体城市，就"颇像是承担着去发现某种后天必然性的条件这样一件不可能完成的任务。"

一座无历史的类型城市就是分类逻辑不连续的城市，但是，我们可以设想，就像在语言中由"邻近"与"相似"所构造的差异的统一，城市中矛盾着的类型也可看作同一的，只要它们是以相似方式自我矛盾的。类型的类似性是形式上的，但也指它们的形式本身上结合了一定量的内容。它总有一种用处，因为不是由概念设计出来，而是由城市的织体上"拆下来"；它也可以被置换，加入一个既定结构内诸系列的无穷运作，从而最终导致结构的转变，只要它已经脱离了原先的功用。另外，决定把什么类型放置于城市的各位置上依赖于各位置上置放其它代替成分的可能性，于是所做的每种选择都牵扯该结构的全面重新改组，这一结构的改组将既不同于人们所模糊想象的东西，也不同于人们所偏好的东西。

可以说，类型学的观念在思辩与技术两个水平面之间，也改变着这两者。当把这种方法运用于城市现象时，引起整个城市设计操作程序的改变，第一：习惯的设计离不开概念，它在城市中区分偶然事物和必然事物，区分事件与结构，概念的目的是要使与现实的关系清彻透明，寻找城市"真实的"版本；类型发挥着记号作用，即容许甚至要求把某些人类中介体结合到现实中，在类型方法中，人与其说是认识的主体，不如说是偏心的主体，并非无所不知，只能设法让城市本身的秩序呈现，正是在这个意义上，我问城市如何思考人，用皮尔士的强有力而难以译出的话来说："记号向人云谓（It addresses Somebody）。这导致设计第一步工作就开始转向：不能按照习惯去寻找甚至人为制造城市"真实的"的版本；必须转而分析这座城市，这块地段每一种现存的版本，特别要留意那些隐而不显的，它们易被忽略，不能被平等对待，但它们可能最接近真实，即使经过某个不确定的事件之后只剩下些存余物与碎屑。这里没有提到正在执行的城市规划与设计的法规，但需要排除，或者悬搁的作为"概念"君临于城市之上的法规，并不排除已经存在于基地上的这类法规的版本痕迹，不过它不再是最优越的，甚至只是次要的。

第二：把每一个版本分解为一些片断（就像把一个完整的句子分解为一些短句）并对之作出分类，这一步工作的结果就是类型；类型由于是从一个有既定意义的版本上拆下来，肯定不是什么纯粹生成性的创造产物，当它们先前还是其它自成一体的组合物的成分时所曾具有的严格性，一旦我们在其新的用途中观察，似乎都失去了，但又似乎在"记忆"上保留着一线之牵，因为类型是成品而非原料，是一些必然关系压缩式的表达，并不能随心所欲的使用。这一步工作的结果不仅是一些类型，而应是所有现存类型的一张完整清单，但是，尽管类型作为成品，功能也许丢失，性质却被严格的保持，尤如语言中的一个词项，但这些类型的每一个（构成单位）只有在与其它同样的构成单位结合成"关系网"时，才能产生一种有功能的意义，它们必须被编配，或者说，有效的分解与有效的编配互为条件，是不可分的。该"关系网"将说明两个向度的时间所指，即可回复的时间和不可回复的时间，并构成大多数城市的首要元素。从现代专业设计的角度看，这等于没有设计，因为建筑师要"创造"，总是设法越出某一特殊文明状态所强加的限制；类型学安于城市现有语言诸版本的限制之内，它既未扩大也未更新这套类型表列，而只是限于获取该表列地一套套变换，但是，类型学的创造像修补术那样，实际上永远是由诸成分的一种新配置组成的，无论它们是出现于工具性组合中，还是出现于最终配置中，这些成分的性质都无改变，一样也不少：除了各个部分的内部排列以外，它们都是一样的。容易被忽略的是，在用同一种材料持续进行的重建中，所指者变成了能指者，反之亦然。类型学的创造指标只有一个：可理解的程度是否在增加。

第三：在整个城市规模上的类型编配是最艰巨的工作。从类型学的角度看，现代专业设计不能从事任何复杂工作，因为它不先用概念搞出一个结构就不能继续前进，这里没有事件存在的余地，只有事件和结构的分裂，于是它的平面总图只可能是一张成分与性质缩水的结果，是复杂的地质构造单层化的产物，在这个过程中，城市诸成分留下的太少，丢掉的太多；与之相反，作为修补术的类型学，其特征是：建立起有结构的组合，并不是直接通过其它有结构的组合，而是通过事件，或者更准确的说，把事件的碎屑拼合在一起来建立诸结构，这只能从一个个系列开始，因此类型学常常是城市设计局部解决论的同义词。另一方面，类型尽管不是纯空间概念，但它作为有定制的成品，带有严格的空间限定。所以，如果说类型学也能编配出一张城市总图，最恰当的不是平面图，而是像夸峰全图那样的东西。这种图纸是包含有最初目的的略图，一旦实现，不可避免地与最初目的存在差距，于是，设计的结果始终是工具性组合的结构与一种非决定性的设计结构的折中物，留给城市一个不确定的未来。可以用超现实主义者的术语恰当称作："客观的偶然机遇。"

第四：在类型学活动中，如果说全部清单上的所有类型碎屑既未扩大也未更新，只是获得一套套新的组合与变换，那么城市的形象，每一座类型性建筑或非建筑（如桥梁、类型化山地、园林等等）的形象又如何，类型学作为一种城市建筑沉思，这是必须面对的问题。

类型是在三向度上进行织体阅读的"一般构成单位"，是可以在时间中往返运动的事件性的点。但形象如何可这样运动，你不可能把一个知觉对象和它在其中出现的具体情景分开。这种可能性取决于类型本身的性质：它是一个记号，既不是概念，也不是形象，而是一个在形象和概念之间的中介物，是一个能指般空虚的"舞台造型"。这个舞台不是为了某一个专门剧种打造，但也不是能力无限的。它的限制取决于城市中所有现存版本交织一体的文化语境。在一座中国城市中，它也许不能演西洋歌剧，但它可能适合京剧、评剧、秦腔、黄梅戏、河南梆子、山东大鼓、苏州评弹等一个大类的演出。罗西为此造了一个新词："类型化类型"。

类型化造型是一种观念造型。形象不可能是观念，但是，通过某种剥离手段，即剥去在一个具体情景中意义明确的象征性的装饰累赘——剥到某种最小限度，好像它还带着什么内容，或者质感、透明性，等等。但决不会剥光——可以把一个形象剥到一个记号的程度，起记号的作用，或者更精确的说，与观念同存于记号之中；观念造型也意味着把形象还原到无限接近"能指"的程度，它与功能概念、意义表达的关系是任意而不确定的，于是，如果观念还没有出现，形象可以为观念预留位置，并以"不是什么"的方式显

示其轮廓。类型化造型与类型一样是固定的，以独特的感性方式与伴随它的记忆相联系，但即便它还没有确定的功能或意义所指，却已经是一个"算子"，可以加入城市织体中某一系列的全部运算与置换，与其他的形象处于一种前后相继的关系，并且它只能发生在这样的条件下，即加入一个形象的"关系网"中。体现出相似的差异与邻近的相似，在这个织体城市的形象之网里，任何一个成分的变化都自动影响整体的变化，因为它至少牵连着一整个如织毯上的丝线般时隐时现的系列。这也是为什么以类型学为指导的建筑师都慎重，他们总倾向于在一种拓扑学意义上的整体观指导下，小心地从局部开始。

在现代建筑学的发展中，经过结构语言学"革命"过的类型学，20世纪60年代才开始出现，但我认为，正如中国城市早已实践着一种斜向的"类型学"城市制图法，这些城市的历史也早就是一部类型历史。似乎每一个城市世界的建立只是为了被再拆毁——为了拆卸方便，类型建筑都不连接，而采取直接并列、间断放置的方式，甚至每一个构件都不做永久连接，不用钉子，即方便建造也方便拆卸——以便从碎片中建立起一个，或者说，修补出一个新的世界来。使它的所有性质能够克服时间，永不丢失。如果说院落是城市的首要构成元素，这里的院落也从来不是纯粹的空间概念，更像是一种似非而是的分类场所，它都是又不是住宅，都在这里又不在这里。于是可看做一种理据性的诗意建造，一种活生生的抽象性。

当我们把织体城市当做一种交响乐总谱阅读时，应该意识到，这依靠着一种分析理性，排除音乐的线性旋律发展，尤如排除统一化的空间序列场景，对这个乐谱做纯粹空间化的阅读，其结果已不像交响乐，有序曲、高潮与结尾，旋律体系转向节奏体系，交响乐转化为非洲打击乐、原始部族的舞蹈步点、京剧的身段、用几个单句反复吟唱的民间歌谣。不过，音符以数字表达，形象上总是欠缺，就如类型化造型也要做理性的剥离，这个过程也许有效，构思机智，但总嫌生硬，这让我想起胡塞尔指出的那条"回到事物本身"的道路："本质地看。"如果说中国书面文字具有语义与纯粹的书写的双重性，还取决于你是否"不同地看"那么，面对一张"梅花三弄"的古乐简谱（图6），这

种看就更加直截了当。除非你读得懂，这在今天是不多的，它就直接是一张有形象的类型平面，包括的字数有限，每一个数字都有一个偏旁，显示出在相似之间的微细的、相当感性的差别，相似性的东西被直接邻近性的编配起来，它根本不需要去斜向阅读，也许因为它直接就是斜向阅读的结果。

这张乐谱得自苏州，我曾向几个苏州的建筑同道说过这样的感想：梅花三弄的曲谱，如果本质地看就是苏州这座城市的类型化总图，它是非常具体的抽象，显出这座城市结构性的人性。苏州的一切都在图谱上，一样都不少。

附：苏州大学文正学院图书馆设计

地点：苏州市吴县越溪

基地：上方山南麓，临水的一条狭窄坡地，南北进深约50m，东西面阔约120m，南低北高，边界落差约4m。

设计：王澍/业余建筑工作室
苏州建设集团规划建筑设计院

配合：童明　陆文宇

建筑面积：约8000m²

结构型式：现浇钢筋混凝土框架，砖砌体填充

主要建材：钢筋混凝土，机制红砖，手制青砖，工字钢、槽钢、扁钢、角钢、透明钢化玻璃、粘胶玻璃、天然花岗岩毛板、杉木板材

设计时间：1999年2月至2000年7月

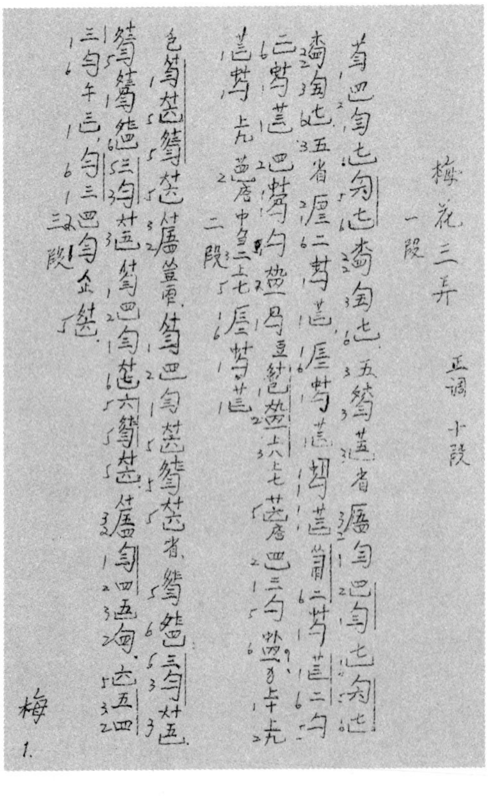

图6　这张曲谱，本质地看，就是苏州这座城市的典型化总图

施工时间：1999年7月至2000年8月

在这里，一篇长文与一组房子的并列并非偶然，因为文章写作与推敲房子在时间上重叠，它们之间并不互相解释，但对它们之间关系的每一次发现都将是紧密的、脆弱的。当写作和营造同时前进时，它们之间那不确定的相互冲击总能带给我快感，事实上，它们同时开始，在为文正图书馆所作的第一次苏州之行中，我遇到两样东西：一座名叫"艺圃"的小巧园林和一份《梅花三弄》的古琴曲谱。

我一向拒绝对一座建成的房子做事后解释，那什么也不能说明。不过，上面这篇与图书馆设计同样漫长的长文，或许有助于让人理解那段我称之为"园林的方法"的文字："我尝试在这个设计中反映出对传统中国江南园林的某种体验。与以往的做法相反，用这个世纪的一切现代语言对过去和现在的建筑作品进行实验的兴趣，阻止我只限于研究那些使作品具有可理解性的结构和语句。这种活动把建筑语言的不纯，正统建筑学的弃物，一切当下生活世界建筑语言的直接解体等等汇拢，于是我找到了园林的方法，即不是把建筑作品当作应予分析的人工制品，而是当作一种意识的体现：一种邀请人们去参与的一个假定世界的意识和经验。这种方法使设计的兴趣不是与既定的延续、发展、结构相联系，而是与一系列富有质感的建筑片断的欢悦联系在一起。从最初的工作模型直到最后营造的东西，反映了实验的过程和我所谓园林方法的某种原则：1.在一次设计中，最大可能数目的姿态、形象和情节事件的诸单元应同时完成；2.一切功能均可互换。这就造成了一种建筑语言的简洁。建筑师虽然创造了一种假定的意义形式，但这意义形式是未决定的，就像一个空的戏剧舞台，功能上、体验上、事件上的可能性与多样性，将造成一种震撼的效果。"

需要补充的是：在这里，城市与建筑，公共建筑与普通住宅，建筑与园林以及建筑与建筑之间的分类界限都被一种不可归类的态度抹消，不设界限本身就是一种建筑观。

最初的想法就产生在艺圃，这里很少有游客知道。我和童明等朋友坐在明堂里喝茶，明堂临水，边界直截了当。不过，明堂的尺度之大和园子之小如此不成比例，一个简单的长方形体量以直线方式横陈水面，几乎生硬，而人们实际上却忘记了它的存在，这个念头让我震惊。我意识

到正是它的空虚让它消失，它是用来在使用中体验的，不是用来看的，它全部可拆卸的门窗使它没有立面。相反，水池对面的明代亭子，一座无用的小房子，却是唯一被看的对象，在这里，局部大于整体。这个原则使我明白如何在一处狭窄基地上让一座空间容积要求巨大的房子在青山碧水中消失，它要人们进去。

注释

①单位语符列：见巴尔特《符号学原理》之"组合段的单元"。

②想象的东西：拉康1953年说，弗洛伊德的追随者忽视了语言在精神分析学中的功能。美国的弗洛伊德派在进行精神分析、解释他们的病人的幻觉时，在讨论里比多的客观关系或论述移情与反移情时，没有注意自己的讲话的重要意义。他们忘记了"想象的东西"，包括没有受过语言训练的"形象"的组织，本质上是由"误认"组成的。

③钝意(sens obtus)：即巴尔特所分析的《第三意》，他以符号学语言描述数帧爱森斯坦电影静照细节，环绕种种意象比喻，细腻无比地描述着"难以言语"的额外物，一难以进入明确意义系统的扰人明显存在。

（本文根据作者博士论文《虚构城市》下篇第二章缩写，导师：卢济威教授）

王澍，同济大学建筑学博士，现在中国美术学院任教

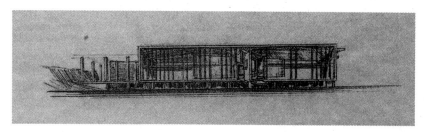

南立面定稿草图

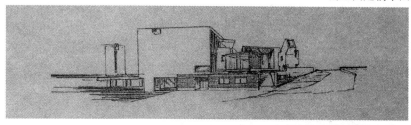

东立面定稿草图

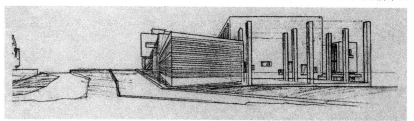

西立面定稿草图

北立面定稿草图

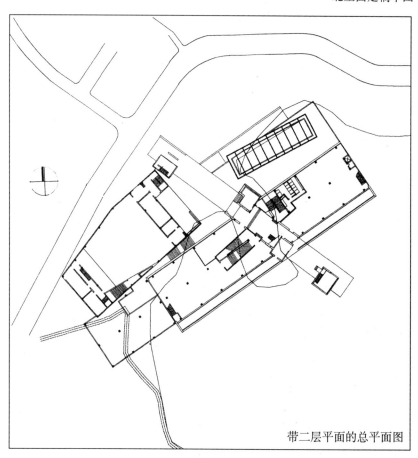

带二层平面的总平面图

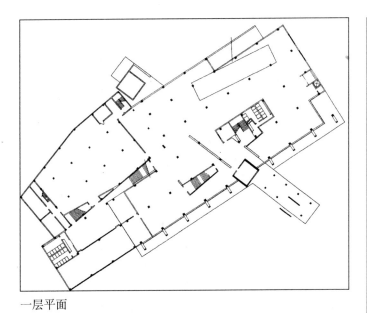

一层平面

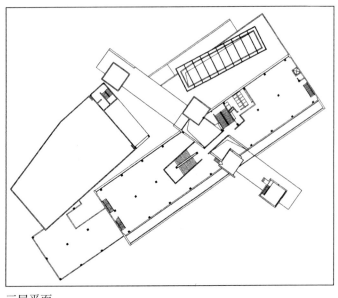

二层夹层平面

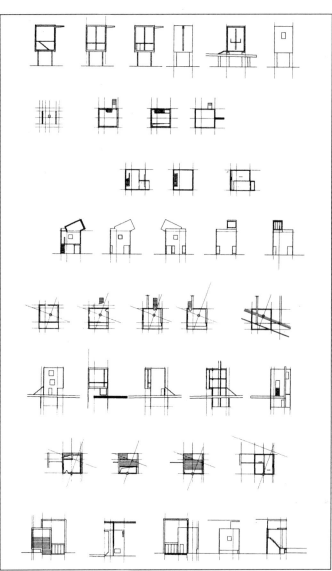

房子甲、乙、丙、丁(从南向北按序排列)的平立剖面图

三层平面

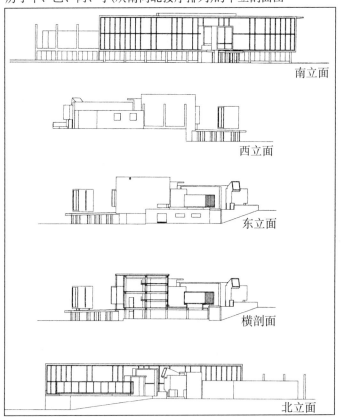

南立面

西立面

东立面

横剖面

北立面

从南面檐廊看房子甲

东面局部

东面底层入口细部

北面俯瞰

北面东端

北广场局部

北面局部与大坡道起点

基座层上的北广场西面全景

基座层上夹在图书馆主体与基座层阅览
室大天窗之间的小广场

基座层阅览室大天窗细部

栈桥上的钢制美人靠细部

大坡道细部

带大楼梯的房子丙细部

从栈桥上的房子甲看嵌在主体上的房子乙，其内部是空调机房

主阅览室内，大方窗内是主楼梯筒

夹层书库局部

空间·演变·幕
——大连开发区影视中心设计构思

李 冰

　　1998年末开始接触大连开发区影视中心工程，并不断往返于业主和规划部门之间，由于种种原因，这个项目未能实现。终究舍不得将自己倾注的激情与精力束之高阁，于是在工程暂未启动的日子里，重新思考这个设计，其中的概念与想法渐渐趋向清晰。在项目实际启动之前，将设计概念以文章的形式加以"完成"，亦算暂时将此项目划上一个句号。

一、设计的起点

　　建筑的重大进步在不同程度上伴随着空间观念的突破。始于20世纪初的现代建筑革命使得空间在概念上趋向开放。密斯将方盒子空间加以解体，提出"流动空间"，之后又将空间开放的观念推向极致，从而提出"一统空间(Universal Space)"的概念[①]，也就是以空间的不变来适应功能的多变，这是对"形式追随功能"的一种反叛。但密斯的这个空间观念并没有成为建筑界的金科玉律，路易·康充当了Universal Space的反叛者，他以理查医学研究楼的问世宣布了另一空间概念的成熟，康知道密斯的"一统空间"在这里并不适用——人们所呼吸的空气不可能与排放的废气共存于"一统空间"之中，某些不同的功能必须以不同的空间相对应，于是"服侍空间与被服侍空间"酝酿成熟[②]，在后来设计的萨尔克生物研究实验楼中，可以见到这种空间观念的延续(图1)，清晰而严谨的空间形态在这里表达得淋漓尽致。这种特定空间对应特定功能的概念无疑是从建筑的内部空间发展起来的，那么，如果我们从另外一个角度来思考，建筑的外部空间是否同样存在这种逻辑关系呢?而建筑又将呈现怎样的形态呢?

　　古希腊的阿索斯广场(图2)[③]呈长向的不规则形，其主要作用是交通、集会、集市和宗教礼仪。作为广场界定要素的两个长边是带有柱廊的建筑，柱廊下面是作为集市功能的商业空间，北侧敞廊中央用一排柱子隔为两进，后进设单间的店铺[④]。可见，商业用途在古代是广场的重要功能之一，并且用明确的空间形式加以界定，这个柱廊空间在本质上是属于广场，而非建筑。现代的商业空间没有必要再次聚集在广场周围，在都市广场中我们可以经常见到一些"残存的"、自由分布的开敞摊位，无人问津，使得广场上功能混杂、自由而凌乱。在项目前期的研究中，我们对一些广场中不同性质的行为活动进行观察，发现很多类似的行为总是在类似的空间范围内发生——没有人选择空旷的广场中心安静地休息，也很少有人在狭小的边沿地带进行剧烈地活动。习惯的做法并没有真正反映和满足人们的不同行为需求，这意味着作为室外空间的广场实际上具备这样的潜力——使用与空间可以形成清晰的对应关系。

　　在大连开发区影视中心及文化广场的设计过程中，我尝试着在外部空间体现这种清晰的对应关系，最终形成了建筑与广场在空间上的交融，二者任何一方的单独存在都没有意义。广场的空间秩序随之诞生，从广场进入建筑形成了渐进的层状空间，建筑的性质也在这种空间体系中得到了富有特色的表达。

图1 萨尔克生物研究实验楼　路易·康设计

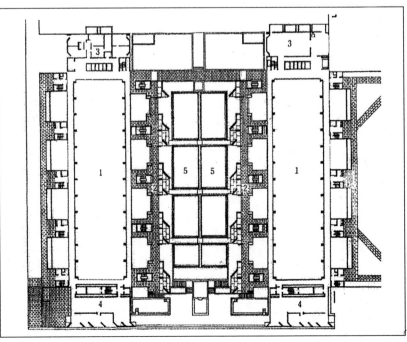

二、空间的演变

这个工程是根据前期规划进行的局部设计，将建成影视中心及文化广场。文化广场是整个规划地段中央广场向南的延伸，由影视中心及待建的图书市场围合而成，整个地段的空间关系如图所示(图3)。

业主从投资者的角度看出了文化广场的商业潜力，提出要在建筑底层布置商业网点，而建筑设计者却不希望商业活动的混乱破坏广场的文化气息，因此，商业空间与人流不能破坏广场的氛围，明确的界定是非常必要的。商业空间在这里成为广场的"服侍空间"，相对地，"被服侍空间"自然是广场的休息区及活动区。那么，由于商业空间的广场属性，广场便自然地延伸到建筑底部。如何体现商业空间(室外空间)的开放性是设计构思的主题之一，空间与体量的演变结果是：承载商业行为的广场空间通过建筑的底部与影视中心的中庭空间贯通一体，底部空间仅用透明玻璃界定，以加强商业空间的通透与开敞，使其具有明显的广场属性。因而形成了这样的空间关系，即建筑包含了广场的部分空间，或者说广场中容纳了部分建筑

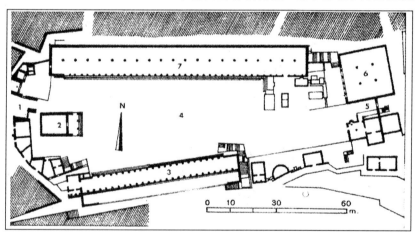

图2 古希腊阿索斯广场平面图

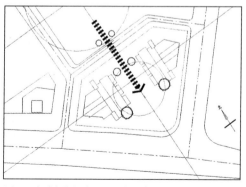

图3 规划地段空间关系示意
1 中央广场 2 文化广场
3 影视中心 4 图书市场(待建)

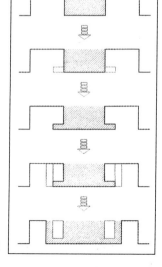

图4 空间形体关系生成剖面图解

——长方体量"悬浮"于广场之上(图4)。广场空间的真正界面是介于两个楼梯之间的墙，楼梯则是界定广场四角的垂直要素。当文化广场与城市空间发生关系时，沿规划主广场的次轴线延伸过来的步行道介入广场，原来广场空间的静止性将被打破，"悬浮"的建筑体量与作为轴线终结的圆形广场随之产生运动与错位，最后，以玻璃塔楼和可称之为"亭"的室外构件作为垂直要素分别将运动的建筑形体以及介入的步行道加以定位(图5)。

在材料的运用上本设计也有意强调了建筑与广场空间的交融关系。影视中心的楼梯及作为广场界面的墙的材料选择了同广场地面相同的暗色石材，而其他部分的实墙则使用浅色调石材，材料的对比使得建筑概念在视觉上趋向清晰(图7)。

建筑与广场的空间关系确定之后，广场自身的空间秩序也随之产生，由广场向影视中心生成了逐渐递进的层状空间，即绿化休息空间、交通空间、商业空间和中庭空间。台阶将广场均匀地划分为三部分，由南向北逐渐升高，这种空间关系一直延伸到建筑的内部；继而生成三个"剖开"的盒子，它们沿纵向形成序列从而对轴线的方向感加以强调，横向与对面待建的图书市场形成空间张力以加强二者的联系，为了强调影视中心的特征，盒子朝向广场的断面用来作影视广告的宣传；最后是对轴线的强调处理，广场中纵向轴线位置是逐级叠落的泉水，最终汇入广场南端的圆形水池，两侧是带有座椅和花坛的休息区，南端则是圆形的市民活动广场，广场与水池的非同心关系反映了建筑形体运动生成的初始痕迹(图6)。

当广场的空间秩序清晰之后，作为广场垂直界面的"墙"如何恰当地表达影视中心的自身特征又成为下一步设计的主题。

三、作为广场界面的构思

想法来源于对电影上演过程的观察：起初呈现在观众面前的是二维的幕，待到电影开始，原来的平面随之"消失"，代之以展示剧情不同场景的"三维"影像。人们从一场场虚拟的时空中获得交流——喜悦、悲伤、酸楚……每场电影中所经历的一次次虚拟现实都是通过"幕"而得以实现。

也许真实生活的场景也能够从幕中得到展现。

影视中心的"墙"提供了相同的视觉

经验，三维的真实影像映射到墙上，那么这"墙"与电影中的幕布在概念上是重合的——它同样成为承载三维信息的中介。人们所感受的是与电影中的"幕"具有某种联系的视觉经验，但观众不必永远是观众，也可以进入"幕"中，充当"演员"。"观"与"演"不再针对固定的人群，角色的转换成为影视中心基本场景。

具体的操作方式为：影视中心被狭长的中庭分为两部分，规则的长方形体量用于容纳小尺度空间——办公室，小录像厅，厨房，小餐厅等；不规则体量则用于容纳大尺度空间——影视厅、快餐厅及儿童娱乐空间。沿中庭的长向将不规则体量剖开，与作为广场最终界面的墙相叠加，于是墙上与空间相重合的部分具有了透明性，成为展示内部空间的媒介——幕。根据空间的使用需要在幕的顶层多功能空间选择半透明的磨砂玻璃以保证一定的私密性，而两侧的公共空间——走廊则选择透明玻璃(图8)。

两个体量之间通过"桥"相连接，由上到下呈规则排列的"桥"之间的空间形成了"虚"的幕，二维的"幕"在这里得到了三维化的体现(图9)。

以每个人自身的视角来看，自己永远是"观众"，但站在他人的角度，任何人都可能成为"演员"，生活本身似乎是角色与场景的转换。影视中心的空间以幕作为媒介强化了这种空间体验——不同空间不同人们的交谈，进餐，行走，嬉笑，观望等场景被映射到幕中，任何人透过"幕"都可能成为"演员"，人们忙碌穿梭于"幕"的内外，场景与角色的不断转换被强化而成为影视中心的基本场景。

结语

这个设计始于路易斯·康的"服侍空间与被服侍空间"的反向思维，结合了广场商业空间渊源的一点思考，然后进行空间及形体关系的演变，形成了建筑与广场的交融关系。最后是对幕的构思的介绍。其实设计过程本身并不像上面阐述的那样清晰，同方案的生成一样，概念的形成有时是混乱而模糊的，但如何对其中所蕴含的逻辑关系进行发掘，则需要逐步理性化的提炼，其中会伴随着新的发现，反复地修改，终于使设计概念得以强化而趋向清晰。

附：影视中心设计背景资料及设计图
(附图1～附图10)

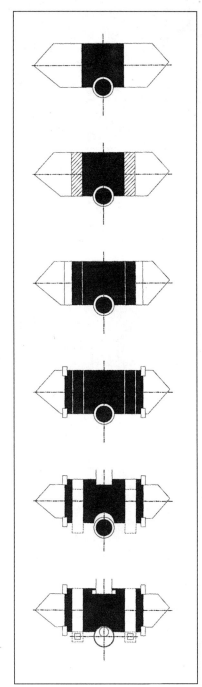

图5　空间及形体演变图解

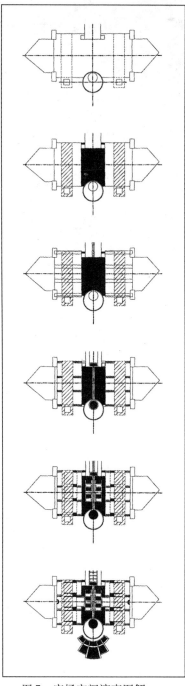

图7　广场空间演变图解

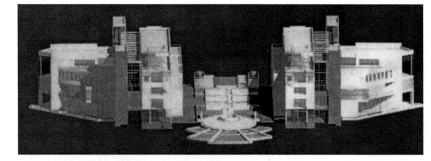

图6　广场及建筑总体关系

设计地段：大连开发区的黄海西四路与金马路交叉口

占地面积：约5000m²

建筑面积：5890m²

主要使用功能：120座影视厅一个，60

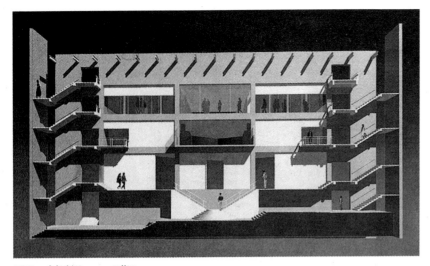

图 8 剖透视——"幕"

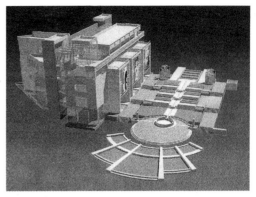

附图 1

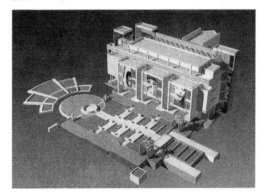

附图 2

附图 3

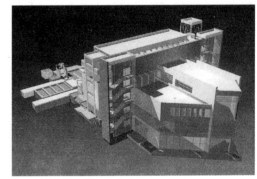

附图 4

中，得到导师孔宇航教授的悉心帮助和指教，在此深表感谢!)

图 9 中庭透视

座影视厅二个，影视音响材料专卖，快餐厅，儿童娱乐及办公；与待建的图书综合市场共同构成文化广场供市民休憩。

（在该项目的设计和文章的写作过程

参考文献

1. 刘先觉·密斯·凡·德·罗·中国建筑工业出版社，1992
2. 李大夏·路易·康·中国建筑工业出版社，1993
3. 插图引自(法)罗兰·马丁·希腊建筑·张似赞，张军英译·中国建筑工业出版社，1999
4. 沈玉麟·外国城市建设史·中国建筑工业出版社，1989

李冰，大连理工大学建筑系硕士研究生

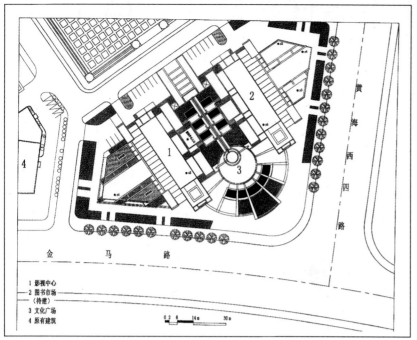

1 影视中心
2 图书市场
　（待建）
3 文化广场
4 原有建筑

附图5 总平面

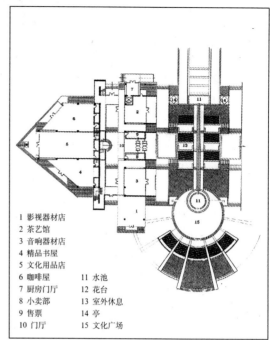

1 影视器材店
2 茶艺馆
3 音响器材店
4 精品书屋
5 文化用品店
6 咖啡屋　　11 水池
7 厨房门厅　12 花台
8 小卖部　　13 室外休息
9 售票　　　14 亭
10 门厅　　　15 文化广场

附图6 一层平面

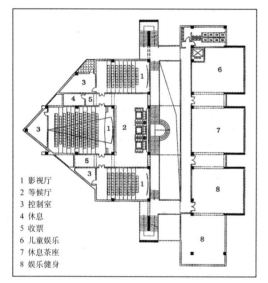

1 影视厅
2 等候厅
3 控制室
4 休息
5 收票
6 儿童娱乐
7 休息茶座
8 娱乐健身

附图7 二层平面

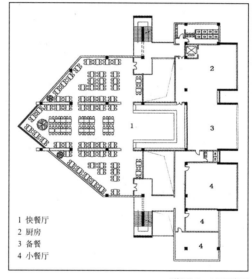

1 快餐厅
2 厨房
3 备餐
4 小餐厅

附图8 三层平面

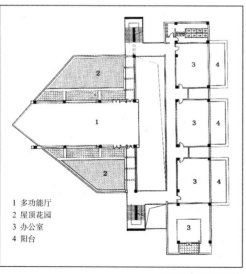

1 多功能厅
2 屋顶花园
3 办公室
4 阳台

附图9 四层平面

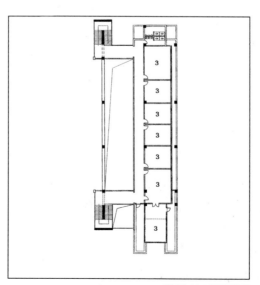

附图10 五层平面

老年人居住建筑设计概论

开 彦

中国老龄问题有其特殊性，伴随着现代经济社会的发展进入21世纪，中国老年人的养老模式必然向多极化发展。可以预测，传统家庭养老功能逐步弱化，社会化养老服务将加速发展。这就要求我们从事老年人居住建筑研究、设计、开发和管理的人员及早作好硬件和软件的准备，积极主动地迎接并推动我国老年住宅事业的发展。

建筑设计是发展老年建筑的龙头。正确掌握老年建筑的概念、特征、原则、方法是重要的一环。1995～2000年，中国建筑技术研究院与日本国际协力事业团（JICA）合作，从事"老年住宅与相应设施"的研究，着重对老年住宅的设计问题进行研究。

一、老年人居住建筑的分类

老年人居住建筑的分类、定义与养老方式有关，不同的养老方式决定了老年人居住建筑的性质。在我国由于社会经济和传统观念的影响，居家养老占主导地位。为了减轻年轻一代对老年人瞻养和照料方面的负担，需加强和健全社区服务设施和养老服务机制来辅助居家养老，补充和完善居家养老的不足，称之为社区养老。随着我国生育理念的变化，4:2:1模式（即二对夫妇＋一对老人＋独生子女）的形成，单身老人和老年夫妇独立生活的比例加大，居家功能的减弱，对社会化养老服务的需求日趋强烈。强化养老社会化的功能，建立完善的、多层次的养老体系，形成社会养老的机制，使老年人生活在一个充满自主、自助、自信和健康的养老环境中，这是当务之急。

（一）居家养老

居家养老是我国主要的养老模式。居家养老的老年人一般采用居家的形式即居住在家里，是一种以自理和亲友照料为主，社区的老年人设施提供必要的养老服务为辅的养老模式。根据调查，世界各国90%以上的老年人都采用居家养老的模式。老人希望生活在亲人身边，生活在熟悉的环境之中，这也符合我国的传统习俗。

和居家养老对应的老年人居住建筑的主要部分是老年人住宅（图1），它也是居家养老居家方式的载体。老年人住宅又分为纯老户住宅和多代户住宅，即只有老年人的住宅和老年人与子女共同生活的住宅。

根据家庭供养模式和家庭人口结构的不同，住宅的布局可以是多种多样的。依老年人与子女居住的分离程度大致可分为

家庭养老的居住空间组合分类表　　表1

与子女居住关系		居住空间构成说明	图示
合住型	居室分离	浴厕共用	老人有一间居室，老人与子女最低程度的分离。	老人　B　BTK
		浴厕分离	老人生理变化后引起使用厕所频率增高。	老人　BT　BTK
	厨房分离	浴厕共用	老人可以保持生活的自主性和经济独立性。	老人　BK　BTK
		浴厕分离	有利于老年人独立自主地生活与子女联系。	老人　BTK　BTK
	主要生活空间分离	门厅共用	既有利于老年人完全独立生活，又具有几代人共同生活空间感。	老人　BTK　BTK
		门厅分离	住宅内有连通的通道和门，是同住型中最低程度	老人　BTK　BTK
邻居型	住宅套型全部分离	相邻两套住宅	两代人生活完全独立，但有利于他们生活上互相照顾和感情上交流。	老人　BTK　BTK
		同一楼内两套住宅		老人　BTK　BTK
分开型		同一居住区内二套住宅	老年家庭和年轻家庭高度独立，但他们"住得近，分得开、叫得应、常得来"。	同一居住区　老人　BTK　BTK

B 卧室　　T 厕所　　K 厨房

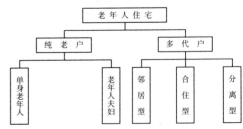

图1　居家养老的居住模式

下列三种(见表1):

1. 合住型: 依老年人的专用居住部分在住宅套型中的分离程度, 可以分为三种类别六种平面的组合:

(1)居室分离型: 包括共用厕所和老年人专用厕所两种;

(2)居室、厨房分离型: 包括浴厕共用和浴厕分离两种;

(3)主要生活空间分离型; 包括门厅共用和门厅分离两种。

2. 邻居型: 由本楼内两个居住套型组成。这种居住形式既有利于两代人生活完全独立, 又有利于两代人生活上的互相照料和感情上的交流。

(1)两个居住套型近邻, 共用一堵墙, 中间可打通联系;

(2)两个居住套型在同一楼内, 但不邻接。

3.分开型: 老年家庭和年轻家庭高度独立, 但在同一居住区内, 符合现代居住潮流"住得近, 分得开, 叫得应, 常来住"的模式。

(二)社区养老

现代意义上的居家养老不同于传统的家庭养老, 随着社会的发展, 现代家庭很难满足居家养老的各种需求, 作为传统家庭重要功能之一的养老功能逐渐从家庭中退出来, 养老功能逐步社会化。社区养老服务设施为居家养老的方式提供了可能性, 是现代居家养老不可分割的重要组成部分。没有社区养老服务设施提供的社会化的养老服务功能, 具有现代意义和中国特色的居家养老就不可能成立。

社区服务养老设施主要由下列内容构成(图2):

1. 社区的老年公共服务设施

(1)老年人日间活动中心: 为低龄老人和健康老人提供文体、兴趣的空间, 并且可以解决午间的餐饮和休憩的需要;

(2)托老所: 为平日需要照料和护理的老人提供餐饮、起居、护理、保健的服务;

(3)医疗保健: 包括小型医院、门诊所和保健站, 为老人常见病预防、保健、急救服务;

(4)老年人咨询中心: 包括老年人权益、房产、婚姻、再就业、旅游等老年问题咨询服务。

2. 社区绿地和场地

(1)室外健身、休闲、交往和娱乐的场地;

(2)绿地。

3.家政服务中心, 老年学校等。

(三)社会养老

社会养老是由社会提供的养老机构接纳单身老人和老年夫妇居住, 并提供生活起居、文化娱乐、医疗保健等综合服务的养老形式。其设施一般包括福利性老年人公寓、养老院、护理院和关怀医院等建筑。老年人公寓根据其投资和服务对象性质不同可分为福利性老年人公寓和普通老年人公寓。前者属于社会养老范畴, 是社会供养型老年人居住建筑; 后者是居家养老的范畴, 属家庭供养型老年人居住建筑。

要打破社会上对社会养老模式的误解。社会养老设施不只是社会上失去经济支持和亲友照料的孤寡老人的居住地。社会养老也不是让老人脱离家庭关心, 远离亲属和熟悉的居住环境, 过着集居型的生活, 而是以尊重人性, 维护老年人权益, "不分年龄人人共享社会"为宗旨, 虽是社会供养的模式, 但充满了对老年人的尊重, 保护老年人的私密性和隐私权益, 使老人充分得到社会的关怀照料, 精神的慰藉。虽然是集居形式, 但保留了家居的氛围和亲情, 让所有的老年人生活在轻松愉快的气氛中。

在老龄化程度较高的北欧国家, 以及美国、日本等国家, 社会养老设施齐全, 老人由专门护理人员照料、安度晚年。日本自70年代以来, 推行《日本老人福利法》和《日本长寿社会对策大纲》, 从收入保障、保健卫生、社会生活、居住环境四个方面综合推进。规划设计"老年公寓"、"特别养老院"、"护理住宅"、"高龄服务中心"等, 增建老年人居住环境中的福利设施, 设置休息广场、无障碍地面、自动扶梯等, 为老年人创造了安全舒适的城市环境。

1. 老年公寓: 这是以家居形式为主的老年人养老设施。在老年公寓内, 老人们独立分套自居, 或多个老人以家居形式半独立自居, 拥有独立的自主权、自立权、私密性、隐私权。根据老人需要照料的程度, 适当配置公用设施和服务管理人员, 开展

图2 家庭供养型老年人居住建筑

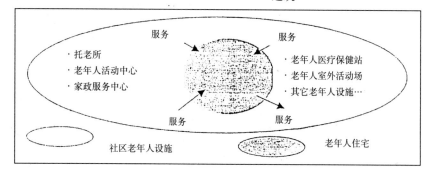

适当配置公用设施和服务管理人员，开展必要的照料和生活服务。按照老年公寓服务对象和服务设施的不同，可划分为以下几种类型：

(1)社区老年人公寓：指为适应老年人生活的特殊需求而设计和建造的住宅式公寓。居住对象是生活能自理的老年人。各居住单元内包括卧室、起居室、卫生间、厨房等空间。这种老年人公寓可自设供老年人使用的设施和设备，也可依附地区共同使用社区中设立的各种服务设施。

(2)服务型老年人公寓：这类老年人公寓有专门的服务设施和服务人员，应老年人的需要提供各种生活照料和日常家政服务。一般可包括餐饮、洗衣、娱乐、健身等场所，还应包括医疗和护理功能。

(3)护理性老年公寓：这类公寓主要为自理能力差，活动能力困难的老年人提高生活照料，配置相对完备的保健护理。

2.养老院(福利院、敬老院)：主要为接纳社会单身老人或老年夫妇，提供集体居住的生活单元，并提供生活、文化、娱乐、健康服务的老年人设施。

3.护理院：接纳生活自理能力差，活动能力差的老年人，并重点提供医疗和护理服务的老年人设施。

4.安怀院：是专为无望康复的老年人提供临终关怀的特殊老年人设施。

二、老年人居住建筑设计原则

对老年人的关注和对老年人居住建筑的研究和设计，是在社会进步和有一定经济条件的前提下才能实现，从一个侧面反映出我国在社会、经济、文化尤其是在居住条件方面有了长足的进步。

老年人不同于残疾人，身体机能的衰退有个渐变的过程。因此，研究和设计基点不是把老年人作为负担去适应和迁就居住环境，也不是把老年人放在一个被动的位置，而是以一种向上的、积极的态度引导老年人潜能的发挥，通过加强和设置居住建筑的某些设施以激发老年人的生活情趣，最大限度地延长健康期，推迟护理期的到来，从根本上提高老年人的生活质量。虽然某些具体的措施与国内外的同类研究有相同之处，但其研究的出发点是不同的。这为今后进一步研究老年人生理心理特征与老年人居住建筑的特殊要求确立了恰当的关系和方向。

安全性(safety)、自立性(self-support)、健康性(health)、适用性(usefulness)是老年人居住建筑设计的特点和基本原则。

1.自立性、健康性

自立性是本研究项目的核心内容。从低龄老人到高龄老人要经过一定的过渡时期，低龄老人与正常人的生活没有多少差别，有意识地提高老年人的自立性，是使老年人更多地享受正常人生活的最好方式。自立性是建立在健康性和安全性的基础之上的，应以科学的态度，避免由于盲目强调自立而发生不必要的危险。即便是在需要借助扶手、轮椅和护理人员的情况下，也给老年人自身留有一定自我服务的可能，使其在心理上获得自立的满足，这是使老年人生活质量提高的重要内容。

关于地面高差的消除、走廊宽度的加大、报警装置的设置，地面材料的防滑处理、墙面扶手的安装等等，都是给老年人在增加安全度的前提下多一些自立的可能性。这一点无论是老年人住宅还是老年人设施都是必要的。老年人使用的设备和设施应按老年人的人体尺度和生理、心理特点进行设计，其方式以便于老年人自己使用为宜。空间布局以有利于提高老年人自信心为原则，以增进老年人机体活动的愿望和更长久维护老年人独立生活的能力为目标。比如：走廊、房门、卫生间等的尺度要适当加大，以利于轮椅和在别人搀扶下行走，厨房的吊柜和低柜尺寸适当减小，以避免由于过高取物需要攀登或过低取物时弯腰的不便等等。

2.老有所为、天伦之乐

老年人要做到"老有所为"，是积极养老最有效的方式，无论是对社会还是对家庭都能够发挥余热、有所作为是老年人生活乐趣和人生价值的体现。因此，老年人居住建筑应该为老年人提供更多发挥余热的空间。对老年人而言，享受天伦之乐是所向往的目标，与子女一同生活，培养第三代是生活的极大乐趣。特别是低龄老人往往不是被照顾的对象，反而要花费相当的心血和精力照顾孙辈，这是相当多家庭存在的现象，也是最具中国特色的现象，形成"托幼式"、"饭桌式"、"团圆式"等不同的模式。这些模式一般是老年人更多地照顾下一代，付出的精力较多，但也从中享受到天伦之乐，对于老年人的身心健康带来的是更多的积极作用，因此这些模式可以认为是一种主动养老的形式。对于类似家庭的居住建筑应充分考虑到老年人的生活规律和子女的不同需求，为老年人提供更舒适的生活空间，并给子女留有相应的余地。老年人应有相对独立的空间，并保证有较好的休息环境。这种居家养老形式是值得提倡的，在老年人居住建筑的设计中应给予充分的重视和应有的地位。

3. 提高自信程度

老年人随着年龄的增长，生理发生变化，身体机能下降。心理上也发生变化，留恋过去，害怕孤独，思维逻辑性和辨别能力减弱。

针对老年人心理生理的变化，关键是提高老年人的自信程度。提高自信程度往往是老年人战胜自我、超越年龄、推迟养老期最有效的方式之一，也是研究老年人居住建筑的关键所在。老年人居住建筑的一切设备设施和空间设计要点都应围绕提高老年人自信程度为目标，即使对高龄老年人、需要护理的老年人和借助轮椅的老年人也应该通过老年人居住建筑的特殊措施使他们能主宰自己的一部分生活，使其生活得有尊严，这无疑提高了老年人的生活质量。如果是通过为老年人居住建筑中设置扶手，他们可以凭借扶手在室内活动，比其根本不能活动是有本质区别的，是自信的再现，是生活中的闪光点。当然，增强老年人自信程度要建立在保障其安全的基础之上。

4. 居住条件的多元性

老年人居住建筑的主体是老年人，但老年人的生活不是孤立和隔绝的。特别是需要照顾的老年人，子女或护理人员与他们生活在一起，这就提出了对于老年人居住建筑在考虑到老年人需求的同时兼顾其他人的需求，即居住条件的多元性。既要方便老年人生活，又要为子女或护理人员提供方便，而不应只注重老年人的特殊需求而忽视了与老年人生活在一起的其他人的需求。实态调查过程中经常听到老年人讲"愿意与子女共同生活，又怕久病床前无孝子"之类的话，如果在老年人的居住建筑中具备年轻人较好的居住环境，具有照顾老年人的方便条件，是促成"床前孝子"的重要因素，是促成"久安型"家居模式的重要因素。

居住条件的多元性体现在许多方面：如老年人洗澡的浴缸距地面过高，会影响老年人进入或迈出；过低又会使搀扶老年人的人感到吃力，往往因不好用力而发生危险。这就要求浴缸的尺寸与位置应为照顾和被照顾人的需求同时得到满足。在老年人居住建筑中，两代居的设计就比较好地解决了老年人与年轻人的不同需求，为两者创造了好的居住条件，同时又满足了长期照顾老年人的需求。

5. 可改造性

不同年龄段对住宅有不同的需求。住宅商品化的实施使人们更换住宅的次数相对减少，对住宅的可改造性要求相对提高。针对这一需求，日本提出了"百年住宅"、"长寿住宅"概念，这一观点是值得借鉴的。针对老年人住宅的特点应满足5～10年改造一次的需求，主要是考虑到老年人几个关键期的需求，即步入老年人行列后的退休、子女结婚(合住、分住)、孙辈出生、孙辈入学、老人生病、老人丧偶等的关键期。各个关键期对老年人的生活都会带来较大的影响，如果住宅功能可适当调整，就能极大地方便老年人的生活，这带来的积极作用是非常有益的，因此应充分考虑到住宅的可改造性。

住宅中的潜伏设计是提高可改造性的必要条件。所谓潜伏设计就是在最初的设计中为今后的改造留有空间和构造方面的充分余地。

三、老年人居住建筑设计标准的设定

家庭供养型的老年人居住建筑中的老年人住宅，根据具体情况设施及设备配置分为三个档次，即：基本型、推荐型、理想型。从功能分室标准、组合形式、套型使用面积标准、功能空间面积标准、设施标准、设备标准、性能标准等方面进行了设定，并制定了社区老年人设施配置标准。

(一)网络规划与设施配置标准

老年人居住建筑的网络规划与设施配置标准不单单是建筑和规划的问题，它还牵涉到社会、经济、文化、政策等等一系列相关问题和相关学科，是一个十分复杂的社会系统工程。与家庭供养相对应的家庭供养型老年人居住建筑应包括老年人住宅、社区老年人公寓、托老所以及相应的社区养老服务设施等。家庭供养型老年人居住建筑不可能离开社会而单独存在，它离不开社会的服务与支持，也不可能完全满足不同老年人不同层次不同阶段的不同需求，它与社会供养型老年人居住建筑共同构成我国的老年人居住建筑体系。老年人居住建筑网络规划与设施配置标准的制定包括家庭供养型和社会供养型老年人居住建筑两部分。

考虑到我国目前的现状和今后的发展，老年人居住建筑的网络规划与设施配置标准应注意以下几个问题。

1. 老年人的活动能力

老年人居住建筑的网络规划与设施配置应满足老年人身体健康和心理健康两方面的需求。尽可能地保持老年人身体和心理健康是老年人居住建筑设计的基点，也是老年人居住建筑的网络规划与设施配置的重要原则。

老年人的活动能力是判断老年人健康水平的重要标志之一。为保障老年人健康，老年人设施网络规划中，服务范围的确定应充分考虑老年人的生理特点，并以此为重要依据。

老年人随年龄的增长，体能下降，活动能力明显减弱，出行次数减少，出行的范围也缩小了。一般健康的老年人步行5分钟的距离大约是200～250m，以住所为中心，以此为半径所划定的区域就是老年人进行经常性和日常性活动的空间范围，是老年人产生领域感、安全感和归属感的空间范围，这个空间范围与我国的居住社区中居住小区的规模大致相当。一般健康老年人的步行疲劳极限为10分钟，步行距离大约450m，以此为半径，这个区域与居住区的规模大致相当。因此可以说，老年人的主要活动区域是居住小区，扩大活动区域是居住区。

所以，有关老年人日常生活的老年人设施应以居住小区为网络规划与服务半径的参照物。有关老年人非日常的但重要的老年人设施可以以居住区范围来布置。此为标准，依据老年人的活动能力和活动范围，以及各种老年人设施不同的服务特点和服务对象，来确定老年人设施的网络规划与服务半径。

另一个不容忽视的因素是老年人的心理特点，保持老年人的心理健康，也是研究老年人居住建筑基本着眼点之一。老年人设施的网络规划必须考虑到这一因素。据研究表明，老年人随着年龄的增长，对环境的适应能力减弱，而且普遍会产生一种对原有居住环境的依恋感。实态调查发现许多老年人宁可守在设备设施并不完善的旧居中，也不肯搬到设备设施相对完善的新环境中去。老年人居住在原有的居住环境，有利于老年人维系原有的社会关系，保持原有的社会活动和交往。这样老年人可以拥有丰富的精神生活，避免孤独感，可以长时间维持老年人的心理健康和生活能力。因此，在老年人的各个养老阶段中，尽量不使老年人脱离原有的居住环境和生活圈是确定老年设施网络规划的一条重要原则。

2. 老年人不同需求层次

家庭供养型老年人居住建筑的层次性表现在其功能和服务区域上。相应于老年人的不同文化背景、经济收入、年龄阶段以及不同的需求层次，老年人居住建筑有不同的类型。有的只有居住功能，有的有一定的服务设施，有的只有初步的医疗护理功能，还有的医疗护理能力很强。老年人居住建筑按行政级别也可分为省级、市级、区级、街道级等；如按居住社区等级和服务范围又可分为居住区级、居住小区级、组团级、院落级等等。所以家庭供养型老年人居住建筑网络规划与设施配置相应于不同老年人、不同阶段、不同层次的需求，应由不同功能和性质的老年人居住建筑来满足。

目前我国老年人居住建筑一般由以下几种类型组成：老年人住宅、老年人公寓、托老所、社区老年人活动中心、养老院、护理院、安怀院等等。

不同的居住社区等级应对应不同的老年人居住建筑。老年人住宅是家庭供养型老年人居住建筑中量最大、最基本的一个层次。因此它对应的是居住社区的基本层次——组团或院落。老年人住宅在社区中的比例可以根据老年人人口比例以及发展趋势来确定。

老年人公寓的服务对象是健康能自理，有活力的老年人。老年人的日常活动范围是居住小区，而且老年公寓对医疗、护理条件的要求并不高，居住小区完全可以满足老年人公寓日常服务的要求。因此老年人公寓可以以居住小区为单位来设置。

养老院、护理院对医疗服务有较高要求，特别是老年护理院，设立医疗服务对建筑面积和设备配置都有较高要求，相应的投资大幅增加。因此这两类老年人设施服务对象要达到一定规模才符合经济性的要求，而且入住此类设施的老年人的活动能力已经很低，护理和照料老年人成为主要矛盾。所以这两类老年人设施的服务范围可以扩大。养老院的设置可以以居住区或更大范围为单位。老年护理院的设置可以以城市为单位。

社区老年人服务设施是构成现代意义家庭养老的物质基础之一，没有了社区养老设施，家庭养老的居家形式也就很难存在。因此它是家庭供养型老年人居住建筑不可分割的重要组成部分，每一级别的居住社区都应配备相应规模的老年人服务设施

3. 老年人设施的共用

社区中与老年人住宅相配套的老年人活动和服务设施，如家政服务中心、老年人活动中心等，可以与本社区中设置的老年人社区养老设施如老年人公寓、养老院、护理院等的服务部分合并设置，提高设备设施的利用率。

如果区域性的老年人设施处于本社区内，其共有的老年人设施以及相应的服务设施也可以合并设置。区域性设施的养老服务功能(或医疗)一般较社区养老设施完善，完全可以为下一级提供服务，从而避免同一社区老年人服务设施重复设置。

还应注意的是各类养老设施的功能作用毕竟不同，服务对象也存在差异，不可能完全相互替代。因此建设时应有分有合，做到经济性和适用性的和谐统一。

(二)套型设计标准

1. 标准的分级与分类

我国地广人多，各地经济发展水平很不平衡，统一的标准不能满足实际需要。为了满足不同时期，不同地区，不同经济能力以及不同老年人的不同需求，再依据2015年国民经济发展预测，以及今后15年内我国老年人生活模式，设计标准分为下列三个档次：

(1)基本型——老年人居住建筑的低限标准。

基本型标准是关系日常安全性的最低限基准，在基本生活空间内，依老年人人体尺度，满足基本的健康适用要求，设计时利用潜伏设计原理，考虑今后改造、添加设备的可能性。

(2)推荐型——老年人居住建筑的一般标准。

推荐型标准是关系日常安全性的推荐标准。在基本生活空间内，依老年人人体舒适尺度，满足健康适用的要求，设计时注意材料、设备、产品价格的合理性。

(3)理想型——老年人居住建筑的理想标准。

理想型标准是今后的发展方向，在推荐型标准的基础上进一步提高安全性、舒适性、健康性和适用性。设计时可选用性能质量较好的材料、设备和产品。

2. 功能空间尺寸与面积标准

老年人身体机能下降，由于不同的老年人年龄、健康状况各不相同，个体差异很大，大多数属于轻度障碍。所以考虑老年人轻度障碍的无障碍设计，以及考虑身体机能下降时，便于护理的空间尺度是老年人居住建筑的功能空间尺寸与面积标准制定的重要原则。基于此原则，套型内功能空间尺寸与面积应符合依靠拐杖可独立行走，需要护理时使用轮椅的尺度。

老年人居住建筑的公共空间的尺度必须考虑使用者的多样性，应以使用轮椅的尺度为标准。套型内各功能空间在有限的面积中，如果以使用轮椅为尺度的话，会有很多限制，或增加不必要的经济负担。所以可以考虑一旦需要时，可以通过打通隔断等后期改造达到轮椅通行的目的。

3. 设备设施标准

(1)冷暖标准

老年人对冷暖气设备冷热感的特点及对应原则：

①个体差异增大，随着年龄增长，个体在生活上、心理上的差距增大。冷热感觉也是一样，而且不同年龄阶段也不同，为老年人提供的冷暖气设备必须适合不同个人、不同时期的特点。因此冷暖气设备的可调节性就显得十分重要。

②对温度的感觉能力下降。随年龄增长，温度感受能力迅速下降。年轻人用手指能识别出不到 $1^\circ C$ 的温差，而年过70岁的老年人识别范围在 $1^\circ C \sim 5^\circ C$ 之间，而且因人而异。老年人对冷暖系统指示温度缺乏判断力。所以，冷暖气设备自动化程度要高，并具有高度的可靠性。

③体温调节机能下降。老年人由于感受温度的能力降低，机体调节体温的能力也下降。体温易受外部环境温度的影响，对外部环境的依赖性增强。因此冷暖设备除必须具备足够的可靠性外，居室、卫生间等各房间的温差，也必须限定在一定范围内。

(2)通风与换气标准

一般认为室内空气环境对老年人来说不存在特别问题，因此换气未受到重视。但是排除室内异味，有害物质，是保证老

年人居住建筑健康性、舒适性的必要条件。

（3）采光标准

①充分利用自然采光，这对老年人是非常重要的。用窗户采光时，窗户位置越高，采光越好，纵长窗比横向长窗的采光好，照度均匀度好，还应避免眩光。

②采光标准的制定是为了能够有效利用自然光，享受户外空间环境，这对老年人的生理和心理健康均十分重要。

③照明标准。随着年龄的增长，感受外界刺激的机能衰退。视觉上，除视力、可视度、分辨性能、焦距调节能力衰退外，适应亮度变化的能力也下降了。因此，在制定以老年人为对象的照明标准时，除了应比以普通标准更亮以外，还要考虑安全性、健康性、舒适性等方面的要求。

老年人由于视力降低，需要的照度要高于年轻人，在照度不足的场所，产生各种事故的可能性增大。据有关资料显示60岁的人需要比20岁的人增加2.5倍的照度。所以，为老年人制定标准时，取一般标准照度值2倍左右是合适的(表2)。

4. 交通空间尺寸控制标准

（1）坡道

老年人因为体力衰弱，水平移动和上下移动都很困难，坡道成为提高老年人日常活动安全性的必不可少的设备。但老年人不等同于残疾人，大多为轻度行为障碍，还有相当的活动能力。所以残疾人使用的坡道完全可以满足老年人的使用要求，并可酌情放宽(表3)。

（2）楼梯

老年人下肢功能衰退，上下楼梯成为一种沉重的负担。另外根据户内事故调查显示，上下楼梯也是容易发生踩空、滑倒等危险的地方，因此老年人用楼梯的宽度与普通楼梯相比应作适当加宽。楼梯的坡度与普通楼梯相比应减缓，并应安装扶手，这些对老年人安全使用是十分重要的。

楼梯踏步的高(h)和宽(w)决定着楼梯的坡度，h 与 w 是决定整个楼梯安全性的重要参数。

人的自然步幅为60cm，把它换算成上下楼梯的步幅时，上下移动步幅只有水平移动步幅的一半。设容许范围为60±5cm，用不等式表示为55cm ≤ w+2h ≤ 65cm。参照日本老年人住宅设计指针，住宅规范和方便残疾人使用的建筑高度规范制定了自己的数据标准(表4)。

（3）电梯

老年人使用的电梯，所对应的对象虽大多为轻度障碍，但应考虑使用轮椅的情况。轮椅兼用电梯轿厢尺寸最小值设定为：宽1400mm，进深1350mm。根据老年人的生理心理特点，参照国外经验以及我国国情，老年人电梯的设置应满足以下条件：

①超过三层以上的老年人居住建筑应配置电梯。

②供老年人使用的电梯应选用速度较慢，运行平稳的电梯，并每层设站。

③候梯厅和轿厢的尺寸应能满足轮椅的进出要求。门宽 ≥ 800mm，避免高差。有条件时，轿厢尺寸可满足停放担架的要求。

④电梯设施应方便老年人使用，降低呼梯按钮和操作盘高度，使用触摸式按钮，延长闭门时间，轿厢内两侧设扶手，在后背板设方便轮椅出入的镜子，有条件时安装电视监控系统。

5. 安全、防火标准

考虑到老年人的生理和心理特点，老年人居住建筑安全与防火标准应略高于普通建筑。老年人设施可参照托幼建筑的标准进行。与一般建筑相比，老年人居住建筑安全疏散距离宜作缩减，楼梯、走廊和底层疏散外门净宽应适当加宽。三级及三级以下防火等级的老年设施，其层数不应超过三层。一般居住社区的老年人设施和共用设施设计，应优先考虑老年人的疏散、避难条件。

照明标准比较 （单位：lx） 表2

项目	日本	现行标准、规范	导则
居室	40, 读书1000		150
厨房	150	15~30	75
卫生间	150	5~15	75
走廊、楼梯	100	5~15	20

坡道标准比较表 表3

坡道(室外)	日本	民用建筑设计通则	残疾人规范	导则
坡度	≤1/12	≤1/12	≤1/12	≤1/12
净宽				0.9m
每段容许高度	0.75m		0.75m	—
每段容许水平长度	9.0m		9.0m	12.0m
休息平台			≥1.5m	≥1.5m

楼梯项目比较表 表4

楼梯项目	日本	住宅规范	残疾人规范	导则
总长度				≤9m
梯段宽		≥110cm	≥120cm	≥120cm
平台净宽		≥120cm		≥120cm
踏步数				≤14步
踏步宽	w≥21cm	w≥26cm		28cm ≤ w ≤ 30cm
踏步高	h≤22cm	h≤17.5cm		13cm ≤ h ≤ 17cm
其他条件	55cm ≤ w+2h ≤ 65cm			

因为老年人视觉、听觉、嗅觉和活动能力衰退，火灾发生时，难以及时避难，火灾死亡率很高。因此制定安全防火标准首要考虑的因素有杜绝火灾隐患以及发生火灾时迅速报警，采取灭火措施，引导避难等。

(1)减少明火。为减少火灾危险，需要采用新型灶具，减少明火。

(2)警报。出现火灾后，首先是报警。报警系统对减少火灾造成损失的作用已经得到认可。例如，美国随着住宅专用火灾检测器的普及，死于火灾的人明显减少。至少使人能够对警报采取措施，在这个意义上，安装警报的效果就好。但是，要使行动不便的老年人也能采取措施的话，不仅是通报当事人，而且需要自动向有关部门通报。因此自动火灾报警装置应被纳入老年人专用安全系统中。

(3)灭火。自动灭火系统由于基本上不需借助于人，因此能及时发挥作用，即使不能安全彻底灭火，但操作同时能通报火灾的发生情况，可保证周围的人及消防人员快速处理。就生命安全保障的意义来讲，自动灭火系统的可靠性很高，国外发展很快，有较高的普及率，但鉴于我国国情和设备设施本身复杂，安装要求高等原因，宜推荐使用。

(4)引导避难。一般常用的避难方法如使用旋梯或爬梯对老年人来说，是几乎不可能的。在老年人居住建筑中，只要不是自己家发生火灾，留在房间内的做法，是更加可靠的方法。

开彦，中国建筑技术研究院

(上接第112页)
植物学家咨询并做实验检验，这些植物是从世界各地挑选出的适应干旱气候和碱性土壤的品种。因为在卡梅尔山上如此宽的范围内种植了多种类的植物，花园吸引了很多野生动物并为海法市的环境做出了引人注目的贡献，在喧闹嘈杂的市中心提供了一方安宁的净土。

综合考虑以色列的气候条件，卡梅尔山坡的斜度及项目的经济预算，最大效率地利用水资源(主要是地下水和储存的雨水)成为设计的一个重点。灌溉系统采用了淋洒式、喷雾式和滴灌(地上系统和地下系统)等多种形式，并可选择是否在灌溉用水中加入肥料。整个花园被分割成50个灌溉小区，按实际情况采取措施减少蒸发或直流等水源的流失问题。草坪上草种的选择对水的有效应用也很重要。在特别陡峭的

地方，英格兰常青藤被用来代替草坪。经过仔细的修剪，其视觉效果与草坪非常一致。

目前，巴孛灵寝梯田花园的建设已进入最后阶段，将于2001年5月正式对公众开放。研究中心已经建成，图书馆也会在明年竣工。国际顾问会议中心的规划正在进行。萨巴先生对他20多年来的工作的评价是："我觉得自己非常幸运，能够为这样的项目工作。功能、环境和文化是我设计过程中的主要考虑方向，而作为一个巴哈伊教信仰者，我的个人风格是理解、尊重并关爱我的业主。毫无疑问，一个人的精神哲学和个人感情会影响并反映到他的艺术，他的思维方式和他的生活中。"

让我们为萨巴先生祝福，为他用精神的动力和心灵的梦想造就的奇迹喝彩!

高层建筑的顶部设计

潘祖尧

为什么要谈建筑物的顶部呢?因为建筑物顶部是整个建筑中最有影响力的部分,就如一个人的头部,是整幢建筑物的灵魂,它能够表达建筑物的风格、精神,甚至功能,是整幢建筑物构思的精华所在。难怪以前北京市有一个领导,在想推动他个人的"古都风貌"的时候,把他的注意力集中在建筑物顶部的亭子里。我们可以看到今天北京在这几年内建成的建筑物中,带上由他提倡的"古都风貌"的帽子到处都是,大大影响到整个市容,尤其是在首都大道长安街的周围。建筑师在设计上要表达他构思的精华,就要从顶部下功夫。

传统建筑除了塔之外,多是低层的,所以顶部的重要性更明显。汉代的陶屋顶部满布小房子,表达了为了防卫,房子是建在大屋的顶部。云南民居的顶部充分表达了乡土风情,而且按比例看占了整幢房子高度一半,表达了顶部的重要性。浙江民居的马头墙重重叠叠,造成连续的韵律,表达当时生活的丰盛感。唐代南禅寺的顶部,造型十分雅致,比例尺度极为和谐,只有少量的装饰,是当时典型的时代精神。天坛的顶部有高耸入云向天祷告的形势。我发觉所有与宗教有关的建筑物都有这种顶部造型,如山西应县木塔、颐和园后山的琉璃塔等。

当然外国也有很多好的例子,印度有名的泰姬陵(Taj Mahal)顶部处理很成功,如果没有它的顶部,整幢建筑物就黯然失色了。欧洲传统大楼的顶部也有特色,因为功能上为了有好的排烟效果,烟囱超出屋顶的高度,这是顶部表达建筑物功能的一个好例子。

在早期的中国现代建筑的顶部,要表达地方风格大多数以仿制传统屋顶为主,例如北京火车站、民族宫及友谊宾馆。有些在当时来说算比较有创意的就是北京电报大楼,它的顶部表达了大楼内部的功能,但可惜一大堆后加的天线破坏了它的美观。军事博物馆的顶部就比较肤浅,只把一个符号放在塔尖,其实除去符号这个顶部还

可接受。上海的早期现代建筑,大部分是受了当时的欧陆风气影响,和平饭店,友邦大厦可算是其中的姣姣者。我同意陈从周老先生讲过的一句话:"要仿就仿到底。"

法国著名大师柯布西埃(Le Corbusier)是欧洲现代建筑界最早在建筑物顶部下功夫的,他不单领悟到顶部的重要性,更能充分利用顶部来反映建筑物的功能及它的时代精神。

在60年代,欧洲的建筑杰作与我国同时的仿古屋顶设计比较真有天渊之别,更想到现今我国建筑物顶部设计与40年前相比,也见不到有多大的进步,实在可悲。莱特(Frank Lloyd Wright)的建筑物顶部比较文雅理查德·罗杰斯蓬皮的杜艺术中心实有百花齐放之感,整幢机械化的建筑物赤裸裸地表露无遗。英国的拉斯顿(Lasdun)及美国的路易斯·康(Louis Kahn)的建筑,建筑物中的设备部分伸展到顶部,形成整幢建筑物的标志,充满时代感。悉尼歌剧院的顶部就是它的主体,有天地合一的精神。

改革开放以来建筑师们忙于"抄"。东南大学建筑设计研究院深圳分院院长孟建民先生在我与杨永生先生主办的中国建筑论坛第一次研讨会上所作的"建设热潮中的建筑创作"报告指出:"在'快速设计'风行的时候,也许'抄'是最便捷的一条途径,因此一些建筑师的创作活动中,东抄西抄,明抄暗抄,大抄特抄的现象十分普遍","在汲取和借鉴国外建筑理论与思潮过程中,我国建筑师对之似乎具有特别的概括与简化能力,尤其是在运用方面,每当流行一种建筑思潮或流派,在我们的设计当中即会盛行一些相应的惯用手法或'符号'。"他提供了一个插图,图中描述了在国内随各种思潮而变化流行的典型设计手法和符号。北京有不少"抄"来的顶部,如隆福大厦(1)、富华大厦(2)、文化部大楼(3)、长安大戏院(4)、交通部大楼(5)、长安俱乐部(6)、中央军委大楼(7)、中国海关大楼(8)、全国妇联大楼(9)、凯旋大厦(10)、北

京西客站(11)等建筑。而香港建筑师关善明设计的恒基大厦(12)既有传统的轮廓，更有时代的精神。有些顶部，建筑师没有想到业主会加上广告牌、电视天线等，而不少后加的部分把顶部的美观破坏。众城大酒店(13)，顶部的圆形和空架与主体不协调。通贸大厦(14)顶部的小铁塔看来像后加的，与主体不相符。邮电大厦(15)的四枝天线大煞风景，如果建筑师想通过这四条天线来表达建筑的功能的话，那就太幼稚了。中迅大厦(16)如果没有顶部圆形的东西，两幢楼的顶部还算美观。金銮大厦(17)顶部的架子，好像是后加的，与主体完全脱节。广播大厦的新楼(18)"方中有圆"的顶部设计手法，圆形与方形根本在视觉上是格格不入的。香港富丽华酒店是国内顶部旋转餐厅之鼻祖(19)。建筑师没有把旋转餐厅放在最顶的部分，原因是餐厅有其他附属功能及设备要在餐厅两旁提供，例如厨房、空调设备等，而是放在最顶部的下层，在视觉上，餐厅更成为酒店主体的一部分。但内地的复制品，却没有彻底了解奥妙，把餐厅放在最顶的位置，一来增加了附属功能及设备提供的难度，二来在视觉上更使餐厅与主体脱节，看来好像一件建筑师在构思中忘记了的事情，是后来加上的，如北京国际饭店(20)，西苑饭店(21)，长城饭店(22)。上海也有同样的例子，如亚洲宾馆(23)，旭日大厦(24)。但深圳一幢办公楼(25)的方案，却是比较成功的手法。北京中旅大厦(26)的顶部表达了旅游建筑的色彩，但可惜建筑师在设计的时候，可能把中国的北京误为印度的新德里，对北京来说这幢大厦是格格不入的。理工大楼当然是抄KPF(27)。上海也有KPF的复制品，如期货大厦(28)，东海大厦(29)，海关大楼(30)等。北京中国银行大厦(31)这个例子可以证明就算是世界著名的大师贝聿铭先生也逃不过地方领导坚持楼顶上加亭子的要求，有幸大师还是宝刀未老，还能化解危机，偷龙转凤，设计一个现代化的亭子，顺利通过审批。中国工商银行(32)更是向柯布西埃(Le Corbusier)学习的。上海的规划展览馆(33)可能受了上海大剧院的影响，但顶子既不能为顶部空间提供遮盖，又表达不了建筑物的内容，是多此一举，好像一个人在人群中，大叫一声后又没有什么行动，是白喊了。相反来说，上海大剧院的顶部，本身就是戏剧化的，非常成功(34)。

建筑物顶部的设计，要注重内涵，不要有夸张、露骨、脱节的表现，要点到即止。外交部大楼(35、36)、国家图书馆(37)、方圆大厦(38)、华南大厦(39)、中服大厦(40)就有这样的表现。比较出色的例子还有中央电教中心(41)，它的顶部尺度恰当，与主体比较协调，斜顶也给地方风格一点交代。某办公大楼(42)的顶部把主体的旋律在顶部以一层层圆边的形状加以确认，而几层的顶部在视觉上发挥了"冠顶"的功能。科技会堂(43)更有突破性的成就，简单地表达了建筑物的三个部分，而顶部的

除去支柱的话，顶部是比较美观(50)。如果在顶部的设计过程中，多做工作模型，就能看出弊端。贝先生的中国银行(51)是属于把主体伸延构成顶部，与保罗·鲁道夫(Paul Rudolf)的两幢办公大楼的手法相同(52)。但保罗·鲁道夫的顶部比较稳重，能够在视觉上把整幢大楼连结起来，而贝先生的顶部就有顶轻身重之感。巴马丹拿设计的办公大楼(53)，是以圆顶配合方形主体的成功例子。

　　丰乐阁是实践我的理论的例子(54)，为了要创作出一个卓而不凡的建筑物，我把丰乐阁的顶部做得与众不同，也可以说我以不同的顶部构思来达到目的。丰乐阁顶部的构思是经过多个工作模型才定稿，顶部的螺旋形形成多层的顶部，每个顶部有游泳池、花园。大楼中部的电梯组及防火楼梯，采用了暴露式梯级及外涂鲜红色，增加它的标志性。其他顶部(55、56)有游泳池，有鱼池，也有屋顶花园。我的顶部构思是基于建筑条例采光的要求和工地位于两街交界的情况，采用了螺旋梯级形的手法，不单创作了多个屋顶花园，更表达了香港生活的多姿多采，有两全其美的功效。建筑物的顶部如果能够表达建筑物的内容，它的地方风格和时代精神，这个建筑物就有灵魂，如果我国建筑师能够领悟这一点，我国建筑设计水平必然能更上一层楼。

轮廓线也能抽象地表露一点地方风格。北京的外语教学与研究出版社大楼(44)的顶部也有同样效果。上海中国银行大楼(45)的顶部比较秀丽。洪光大厦(46)的顶部，真是鹤立鸡群，它把主体的语言直带到顶部，然后再加上装饰点缀，真有欲穷千里目，更上一层楼的感觉。金茂大厦(47)一气呵成，有古塔之峰，妙不可言。

　　香港为英国强占已有100多年，除了少数剩下来的中国传统庙宇外，大多数的旧建筑属于欧陆式。因为建筑条例内的采光要求，容积率的限制，加上业主尽其用的建筑面积要求，产生香港大部分建筑物顶部的"平头型"造型。公寓大厦的顶部多数以顶部的水塔、设备房以简单的手法作交待。合和大厦(48)顶部的旋转餐厅，造型比较理想。AIA大厦是70年代的杰作(49)，现在看来实是一个长青的创作。中环广场顶部的支柱，看来比较勉强和薄弱，

张壁村——一个乡土聚落的历史与建筑

赖德霖

前言

这是一篇三年前就已经写出的调查报告，但我却迟迟犹豫着没有将它发表。虽然我已经做了近30年的学生，但捧着报告的文稿，我仍像是一个刚刚答完考卷的初学者，一边忐忑反省着自己的答题过程，一边惴惴不安地等待着先生的点评。

1995年1月，山西省介休市龙凤乡张壁村发现古地道的消息在《人民日报》上刊出。这一年的3月，我受教研组的委派去当地调查，研究生姜涌对乡土建筑也颇有热情，我们一同上了路。负责地方文物的介休市博物馆的同志正准备将张壁村申报为文物保护单位，因此对于我们前去非常欢迎。馆长郝柱国先生和书记朱金枝女士热情地帮助我们与龙凤乡政府联系，使我们顺利地在张壁村住下。

自从张壁村发现古地道的消息传开以后，许多游人慕名而来。市里、乡里乃至村里都把这当成了一个发展地方旅游事业的大好机会。村里原本用青砖砌成的庙宇外墙被仿北京紫禁城般涂上了丹红色，村路的两旁也被刷上了大字宣传标语。一位文化馆的老馆员还住进了村里，不辞辛苦地整理起当地的民间传说来。这些颇具传奇色彩的民间传说被编进了导游员讲的村落历史，吸引了所有前来参观的游人。

我曾试图向他求教这些传说的来源和依据，他只笑了笑，说："据老人们讲。"我搞不清这"老人"是指他自己还是其他什么人，对于他整理的"民间传说"也分不出哪些是新、哪些是旧，就好像面对着一只整旧如新的彩陶罐子，已经看不出哪块是出土的原始陶片，哪块是填补的石膏。我不敢将它们当作历史材料，只好把目光投向实地。

调查的第一项工作是了解村落的布局和建筑现状。为此我们进行了测绘和拍照。早就听说日本学者可以借助气球拍摄聚落的鸟瞰照片，很快就可以获得研究对象的总平面图。但我们没有这个条件，所有测绘都要靠一段一段地量。我从心里感谢姜涌的帮助，否则就凭我一个人，连拉皮尺都不可能。我们花了近两个星期才把村子的总图测完，还画了三大组庙宇和一些重要的住宅的平面。其间难度最大的工作还要说是测绘那条新发现的地道。地道曲折蜿蜒，置身其中仿佛进入迷宫。虽然当时已经有许多各方面的专家到过张壁，对古地道的起源和功能发表了许多高见，但却没有人肯花一番气力真正去测绘一下它的总体状况，在这个基础上确定它与村落布局的相互关联。我们决定自己做。

我和姜涌都有足够的经验利用皮尺去测绘不规则平面，但如何测绘弯弯曲曲的地道还是让我们很费了一番脑筋。指北针在这个小尺度的范围内已经不很有效，倒是一付从村子合作社花四毛钱买的小学生用塑料半圆仪帮了我们大忙。借助它，我们大致确定了各段地道转折的角度，再根据地道在地面上几处出口的位置进行修正，最后终于画出了1000多米长的张壁地道总图。

我们送了一份村子的测绘图给市博物馆，因为他们需要申报文物和进行保护规划；我们还送了一份给张壁村，因为他们需要做导游说明。一篇发表在1997年8月的一本学术刊物上的文章也用了我们的图，但图上原本注明的测绘单位已经被抹去。

对张壁地道的测绘使我们能够修正《人民日报》的报导，从而在一定程度上淡化它在宣传中的神秘感。如已查明的地道只与一口水井相通，而不是报导中所说的九口；地道内虽有喂牲畜的土槽，但所谓的"马厩"充其量也只能容三、四匹马。报导说地道的"每层每条都有通道串联，有贯眼可通话、瞭望"也很让人误解。因为地道作为一个整体本来就是贯通的，并不需要什么特别的"通道串联"；而我们所看到的"贯眼"，实际上就是地道内的一间窑洞与地道间的直径约10cm的小土洞，在总长1000余米的地道中也只有一处。地道的大部很不规则，并不像报导给人的印象那样具有很明确的设计意图。至于"猫耳洞"、"粮仓"等名称也是今人根据现状所作的猜测，它们的原有功能到底如何尚无直接证据。我们因此倾向认为，张壁地道作为地方小股武装的据点尚属可能，但若过分夸大它的军事作用则与现状不甚符合。

我们调查的第二项工作是了解张壁的历史。由于张壁地道的发现，村落的起源成为所有前去考察的人们共同关心的问题。《人民日报》采用当地人士的看法，说"该地道筑于隋末大业十三年（公元617年）"，而这些人士的依据仅仅是张壁村所独有的一座"可罕庙"。根据村中碑刻的记载，早在元代这座可罕庙就已经存在，但这位可罕是谁则无从知晓。那位文化馆的老馆员和村里的人士认为，他是当地传说甚广的隋末起义领袖刘武周，因为《唐书》中说刘武周曾被突厥人封为"定杨可汗"。他们进而得出结论，说张壁村就是刘武周的部将宋金刚和尉迟恭的屯兵处，地道是他们修造的藏兵洞，而堡墙则是他们用挖地道掘出的土筑成的，这叫"明筑壁堡，暗挖地道。"这样的历史解说听起来十分生动，可我们却觉得用一座本身就是谜的可罕庙去推演整个村的历史未免不够谨慎。我们希望找到更多的证据。更重要的，我们还以为，对于村落起源的追溯，不能替代对它的历史发展过程的考察，因为这个发展过程体现了历史的丰富性。对发展过程的考察不同于那种将村落看成经过一次性规划建设就已经定型的方法，它要把村落当作一个逐渐发育生成的有机体，动态地去探讨各种自然的和社会的因素对它的形态生成产生的影响。

我们希望尽可能多地搜集有关张壁的历史资料，以便尽可能全面地复原它的发展过程。幸运的是，张壁村保留了近20通古代的石碑，记载着村落从明到清近300年间的一些重要事件和一些重要人物。这些碑记由介休市博物馆的同志们抄下一些，连同他们长年在地方上搜集到的其他大量碑记，编印成厚厚的两大本《介休碑刻资料》。他们慷慨地将这些资料送给我们，为我们的工作提供了极大的方便。我们对有关张壁的部分进行了校核，也做了补充。除此之外，我们还记下了那些老建筑上有关建造年代的题记。即使屋脊上有

的很小的字，我们也凭着一只10元钱的玩具望远镜辨认出来。所有这些记载成了我们理解张壁历史和乡土文化最可靠的依据。当然，我们没有忽略那保存在乡亲们的记忆中的历史，我们采访了村中的一些老人。85岁高龄的张学陶先生向我们讲述了当地关于刘武周的传说；郑广根先生，一位对于村落历史极为关心的退休工人，也毫无保留地向我们介绍了他对于张壁历史的了解。

当我们将调研的视角从张壁村的起源转向它的历史发展过程时，我们关注的问题自然从单纯的军事防御体系，如地道、堡门和堡墙，扩展到村落的形态与自然、地理、经济、社会和宗教等因素的关系。张壁与周围其他村落的关系也引起了我们的注意。限于时间，我和姜涌当时仅仅探访了邻近的宋壁村。但就在回县城的路上，我们发现了龙头、峪子两村山头上矗立着的土墙。它们与张壁村堡墙的高度和构造相似，被当地人称作"寨子圈"。虽然寨子圈围合的仅仅是一块三、五亩大小的空地，不像堡墙那样围合的是一个村落，但它同样具有的防卫功能仍使我们相信，张壁村的寨堡形态在当地并不孤立，我们对它的研究因此也必须与整个地区的历史结合起来。也正是面对着黄土高原严重的自然生态问题，我开始对建筑界流行的中国建筑"天人合一"的说法产生了怀疑。我意识到应该将山西砖和砖券技术的发展与木材逐渐短缺的实际相联系进行认识。

我第二次去张壁是在两年以后。这期间我因一个机会转向了另一项课题；又因为遭遇了一次脚伤，几个月不能自由行走，直到1997年春天，我才重新开始对张壁的调查。这次与我同行的是研究生王川。第一次张壁之行时我已经注意到，村中庙宇所供奉的20多种神祇中有许多与自然现象和自然灾害相关。这次我便将调查的重点放在了研究自然因素与村落建设的关系上。

我们先乘长途汽车沿着新开通的太旧高速公路到太原去查找有关山西的地方文献。在太原市图书馆，我们找到了山西省文史研究馆编印的《山西省近四百年自然灾害分县统计》。这本内容详实的油印资料为我们理解农业经济与自然崇拜的关系提供了宝贵的材料，对于我们解释张壁村庙宇建设的历史原因也是很好的参考。

张壁村在明清时期曾经兴盛一时，除了经济的原因，还与它在当地的空王崇拜以及与此相关的绵山祈雨行程中所处的地位有关。村中的"创建空王行祠碑记"中说："张壁村乃空王佛之要路，凡散人到此无不止息。或遇天雨胜大，不能朝礼，此村南而焚之。"但是，张壁村离绵山还有很远的距离，而且，从今天的地图上也已经看不出当年的进香路线。我和王川便决定亲自进山，一来核实这一记载，二来探访相关的古迹。我们在清晨从介休县城出发，中午到达绵山脚下的兴地村。这里有一座与祈雨习俗密切相关的寺庙回銮寺，很可能建造于金元时期。还有一块宋碑，讲到了空王和尚的故事。我们做了记录，然后开始上山。绵山抱腹崖的云峰寺是祈雨进香的终点，也是我们此行的目的地。我们沿着漫长的山路，从日中走到日落，到达云峰寺时已经是月上东山了。当晚只好借宿在住持的僧房里。沿途我们已经欣赏了"古道斜阳"的景致，没想到，此时又体验到"僧敲月下门"的诗境。绵山之行帮助我们弄清了当年从县城到龙凤村，再到张壁，再经过渠池、神湾、北槐志、南槐志四村到达兴地村的进香路线，也加深了我们对于张壁在区域宗教活动中的地位的认识。

我们此次考察还有一个意外的收获。在回介休的途中，我们发现，在汾河对岸远远地有一座村子，它与张壁相似，也有堡门和堡墙。一问路上行人，得知它叫冷泉寨，属于灵石县。我们决定过河去看。跨越汾河有一条铁索桥，是去冷泉寨的必经之路。桥中心作为桥板的铁皮已经因残破而失落。过往的行人无论是男是女，是小学生还是老太太，是背包的还是扛自行车的，都不得不两手紧抱作为桥栏的边索，双脚踩在桥面最外缘的一道底索上，挪蹭着才能通过这一段悬空的桥段。我们模仿着其他行人的样子上了桥。混浊湍急的汾河水在我们仅靠几条铁索支持的身下令人目眩地流着。我们都知道，如果稍有不慎，后果将不堪设想。就在这座冷泉寨的寨门上，我们发现了记载着明代嘉靖年间修筑堡墙的起因和过程的石碑，它为我们了解张壁村，乃至周围其他许多村落修筑堡墙的历史提供了非常宝贵的文献参考。在回来的时候，我给王川照了一张正在过断桥

的照片。我相信，这段经历对他和对我一样，都将永生难忘。

我第三次去张壁是在同一年的6月，这时我正在撰写这篇调查报告。郑广根先生曾经告诉过我，当地有"张壁点灯，介休看明"的民谣，也就是说，在古代，这里的人们曾经采用过用灯火传递信息的方式。对于这一说法，我当时曾深表怀疑。因为张壁与介休相隔十数里，中间又有多道丘陵阻隔，灯火根本不可能被城里看到。但我后来又想，在那个曾经饱受战乱之苦的地区，人们或许还有其他方式通报敌匪来犯的消息。我再一次查看了清朝嘉庆年间编纂的《介休县志》，其中关于44个军事寨堡，还有营房、墩台和烟墩等防卫设施的记载引起了我的注意。我意识到有必要将张壁与整个县的防御联系起来，再进行一次更大范围的考察。

这次我没有同伴。在已经接待过我两次的市博物馆，我借了一辆自行车，然后以县城为中心，查看了周围约20个镇和村。时值盛夏，农民们正在收麦。烈日当头，我骑行在城乡间的公路上和田野里的小路间。遇有丘壑沟坎，就只好推着或扛着车走。公路上乡镇企业运焦炭的大卡车开过，洒落一路煤粉；黄土地上致了富的农民开着摩托车驰过，扬起一路烟尘，对于这些，我早已习以为常。对于夏季野外考察最难耐的干渴，我也找到了最佳的解决办法，那就是村子杂货铺里卖的啤酒，什么牌的都好。

我没能找到县志上记载的那些墩台和烟墩。中国的文物古迹已经失去得太多太多，对于这个结果我并不感到意外。所幸的是，我在宋丁、两水、刘屯、西孤、霍村、穆家堡等村看到了与张壁相似的堡墙，还在河东、东孤等村发现了曾经在龙凤村和峪子村见到过的那种寨子圈。我步测了这些寨子圈，又从峪子村寨子圈里的一通乾隆年间的石碑上得知，当时人们将这种结构称作"土寨"，说它是"避变之佳境"。对于郑广根先生告诉我的那句民谣，我也找到了较为合理的解释：黄土地上的村落可以互相遥望，或许人们正是从烽火传讯的方式中得到了启发而发明了用灯火报告敌情的办法。张壁村的"灯"大概就是通过这些邻村的"接力"传到县城的。

我还去了洪山，那里是介休全县重要

的水源。我在那里看到了明清两代地方官员和士绅关于如何分配水源和保护上游河水以防污染的碑记并了解到当地水神崇拜的更多情况。沿途经过三佳乡,我还看到了一座因风水需要修造的土墩"文笔"和一座北方地区极为罕见的桥亭——风雨桥。这些材料在我后来的张壁村调查报告中都没有提到,但我相信,它们会是一部更大的介休社会史和文化史的生动材料。

也就是在这次张壁之行,我亲眼看到了保存在张学陶先生的儿子张勣举和村中另一个大姓贾氏的后人贾希福家中的两个家族的神纸,也就是排列着各代族人姓名的大卷轴。在原来的贾家祠堂里,我还找到了那块记载着贾氏始祖在明代从太原迁徙至介休历史的祠堂碑。这些文物我在前两次张壁之行都曾听说,但却没能见到。其中的张氏家族神纸已经被虫蛀过,残破不堪,而贾氏的祠堂碑也被长期当作砧板使用,字迹已经斩凿过半了。

离开张壁的时候,郑广根先生骑车送我到公路旁的龙头村。那里有一座孤零零、看起来非常破败的三开间悬山顶古庙。郑先生对我说:"你应该进去看看,这是介子推的庙。"庙现在是村里用来堆放草料和工具的仓库,里面的塑像早已荡然无存,但墙壁上还保留着精美的壁画,画的是介子推伴随晋公子重耳逃亡和"割股啖君"的故事。庙的室内很暗,我看不清梁下的题字。仅仅从外观看,它的屋顶形式和坡度都很像张壁村清代早期和明代的西方圣境殿与空王庙,但规模更大,做工也更精致。我猜想这或许是中国现存唯一的介子祠,我想测绘,但我已经没有时间,也没有条件了。中国这样的古迹很多,我记下一些,但还很少;我看到一些,但不知道能否再看到。我照了些相片。

我的张壁村调查报告在那一年的7月15日脱稿。盛夏酷暑,我干得很苦,因为我已经决意要开始新的一番"信天游",起程之前我必须把它写完。离家前我把打印好的稿子交给教研室,又带了一份放在箱里,带在身边。我一直想把它呈献给张壁的乡亲们。对不起,我拖了这么久。三年了,我没能给报告再加进什么词句,但是,对于那片黄土地,我平添了深深的思念。

2000 年 9 月于芝加哥大学

1. 介休

中国的北方有一个传统的节日,叫"寒食节"。在每年农历清明,家家都要连续禁火三天,只吃冷的食物。相传这个节日是因春秋时期的晋文公哀念他的爱臣介子推而起。

晋文公名叫重耳,他的父亲是晋献公。晋献公的妃子骊姬为了让自己的儿子奚齐当上国君,设下毒计陷害太子申生和公子重耳兄弟。申生被迫自杀,而重耳则被迫逃亡国外。途中他饱受艰危饥困,几不能行。随行的臣子介子推见状,割下自己大腿上的肉煮成汤奉上。这就是著名的"割股啖君"的故事。19年后,重耳回到晋国,遍赏从亡诸臣,唯独介子推耻于邀功请赏,托病居家,甘守清贫。之后他又背着母亲结庐绵山的深谷之中,以草为衣,以木为食。晋文公得知后亲赴绵山寻访,终不得踪迹,便举火烧山,欲迫介子推现身。大火持续三日方息,而介子推竟守志不出,最终与母亲相抱死于树下。晋文公见状,哀伤不已,下令将介子推母子葬于绵山之下,并立祠祭祀。在每年的介子推死难之日,老百姓便不忍举火。后世于绵山立县,称之为"介休",意思是介子推安

张壁村邻近的龙凤村现存的介子祠

介子祠壁画: 介子推进肉羹

介子祠壁画: 介子推负母避绵

介子祠壁画: 母子焚死林下

息于此。

1995年1月5日，《人民日报》刊登了一条令人惊喜的消息："介休发现古代军事地道网。"消息说："山西省介休市龙凤乡张壁村地底下最近发现了保存完好的上、中、下三层立体古代军事地道网。目前，已挖掘开通了1000余米，断续可通的达3000余米，在全国实属罕见。国家文物局、中央军事学院战略研究部、《孙子兵法》研究会的6名教授、学者日前专程到张壁村古地道进行了实地考察。"读罢这则消息，我们马上意识到，这一发现不仅对于研究中国军事史具有重要价值，就是从乡土建筑研究的角度去看，也颇有意义它也告诉我们，这里存在着一个极为特殊罕见的村落类型样例。终于，在这一年的3月下旬，我们踏上了去介休的火车。火车把我们带进了山西，带进了介休，也把我们带入了历史，带入了一个内涵丰富的乡土世界。

山西仿佛是华北平原西侧的一个高台，平均海拔1000m左右，它们之间的分界线就是海拔1500m以上的太行山脉。山西的西部是以吕梁山为骨干构成的高原和山地地形，与西面的陕西省有奔腾于晋陕大峡谷中的黄河相隔，南部有中条山、黄河为屏障，北部则外有阴山、大漠，内有勾注、雁门等关隘，都可以据险而守。又由于山西地势较高，因而对周边省区构成了高屋建瓴之势。如由汾河河谷或涑水河谷西向入秦，可以虎视关中；由沁河、丹河河谷南下，又可威逼洛阳、开封；沿滹沱河、漳河、桑干河东出，还可以直指华北平原和京师北京。

山西还是中国古代重要的经济区域。在它的中部以几条大河为依托，分布着一系列盆地。它们由西北向东南排列，依次为桑干河流域的大同盆地、滹沱河流域的忻(州)定(襄)盆地，和汾河流域的太原盆地、临汾盆地和运城盆地。贯穿它们的就是山西古代重要的交通要道。这些盆地在古代以粮闻名，出产的粮食可以经过汾河、黄河、渭河漕运关中。它们还出产良马、盐、铁、煤炭，是封建国家重要的军事物资或财政来源。可见，无论是在军事上还是在经济上，山西在中国都具有重要地位。因而自古以来，它一直是兵家必争之地。

太原盆地位处山西中部，这里有榆次、太谷、清徐、祁县、平遥、交城、文水、汾阳、孝义、介休10个县市，是山西全境最为富庶的区域。在明清两朝，这里的商贾、票号更是遐迩闻名，并主要集中在祁(县)、太(谷)、平(遥)、介(休)一带。

介休在太原盆地的南端，北面是平遥县。通过它就由太原盆地进入了长度近50km的峡谷——雀鼠谷，再通往灵石、霍州等县进入临汾盆地和运城盆地。所以它又是沟通晋北与晋南地区的一个咽喉之地。清嘉庆《介休县志》说："介休舆图平坦，上接平遥，下交灵石，难称四塞，然而蚕簇高峻拥其后，西入雀鼠谷，津隘崎岖，水经夸地险，为古战场。"直至嘉庆年间，介休还设有44个军事寨堡，以及营房、墩台、烟墩等设施，配有马兵、步兵、弓箭手、鸟枪手等。

介休境内，东南有绵山山脉，西北有汾河，太原盆地自东南延伸到介休北部，又在它的西南收束，所以介休总体地势又是东南高，西北低，东北阔，西南狭。张壁村就在介休城南绵山山麓的黄土塬上。

2. 张壁

从县城到张壁村有15km左右，坐车半个小时就到了。当汽车在黄土塬上急驰了一阵，又拐过几道弯后，我们眼前露出了一道黄土夯成的堡墙。它与旁边的黄土沟壑在颜色上是如此相近，以致于如果不仔细观看，很容易会视而不见。

汽车又沿堡墙前行了200多米，最后在一座高大的堡门前停下。我们终于来到了张壁村的跟前。这座堡门就是村子的北门"德星聚"门，我们仔细地端详着它，就像是面对着一位饱经沧桑的老人。堡门的基础部分是用条石砌筑的，约有1m多高，上面6、7m高的大墙原本是青砖砌的，但新近已被村民们涂上了红丹色。墙与门洞的转角处由于多年的磕碰已经破损，墙上的许多砖头也因多年的风化而失去棱角。门洞里还保留着先前的板门，门上残留着护板用的铁皮和门钉。

德星聚门里还有第二道门洞，门额上的题字隐约可辨，是"新庆门"。两道门之间的高墙和门洞的顶上都有庙宇，使得这个空间就像是一道瓮城，非常逼仄。但走进新庆门再向左一拐，就来到了村子的主街上。我们稍事整顿，便开始了对张壁的考察。

张壁村的西北两面临沟，东北和南两

面有路，一通县城，一通绵山。村子东西宽约300m，南北长约200m。村子的内部由一条主街分成东西两个部分，东部自南向北有大东巷、小东巷和靳家巷三条主巷，西部按同样方向有西场巷、贾家巷、王家巷、户家园四条主巷，整个村子的道路结构就像是一个"丰"字。现在七条巷子里住着283户人家，全村共有1028口人。

现在中国人说"壁"，常常与"墙"相连，表示建筑的墙垣，或与"峭"、"绝"相连，表示山崖。但在古代，它还有军事寨堡的意思，所以《正字通》说："壁，军垒。"不过，在中国的历史上，"壁"作为军垒的名称要比"寨"和"堡"早得多。"寨"和"堡"盛行于明清，是国家为了镇守边疆或隘口要塞而设的军事据点；而"壁"却可以上溯到汉代。东汉末年直至三国魏晋，天下大乱，群雄并起，各地军阀豪强、地主流民或割据称雄，或避乱自守，建造了大批壁垒，当时也称"坞"或"坞壁"。坞壁是军事性质的组织，它的内部居民往往就是坞主的武装力量——部曲。它又可以保护农民进行生产，维持坞壁的生存，所以它是耕战结合，兼有军事据点和生产基地的双重功能。著名历史学家范文澜说，东汉时期的豪强地主"大都据有坞壁，奴役贫苦农民当徒附，强迫精壮徒附当部曲，这些坞壁帅，实际是大小地方割据者。"（《中国通史》第二册，P346）每一个大的坞壁帅往往拥有很多这样的据点，如《三国志·魏志·满宠传》中写到，当时袁绍在汝南就有二十余壁，共二万户，二千多士兵。《晋书·慕容德载纪》说："上党冯鸯自称太守，附于张平，……张平跨有新兴、雁门、西河、太原、上党、上郡之地，垒壁三百余，胡晋十余万户，……"介休在当时就隶属于西河郡。

据清朝嘉庆《介休县志》统计，除了44个军事寨堡之外，全县在当时还有乡村211个，其中以"寨"、"堡"命名的有13个，而以"壁"命名的还有8个，张壁就是其中之一。

3. 可罕王庙

张壁村源起于何代何年？它与三国、魏晋时期的坞壁有什么关系？这些问题今天已无信史可考，我们自然也就不能凭空臆断。目前，最早的文字记载可以帮助我们把这一带村落或人居的历史上溯到八百年以前。1995年11月，村民们在村西南1里的砖窑厂取土时发现了三座古墓。考古工作者在一块墓砖上发现"金大定四年"，也即公元

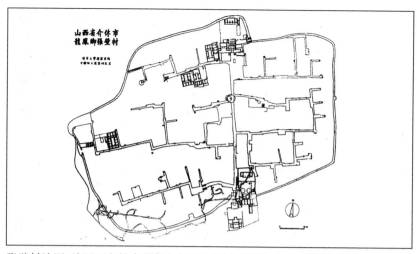

张壁村地图，地图下方的虚线部分是地道(清华大学建筑学院赖德霖、姜涌测绘)

张壁村村口的照壁

从北向南望张壁村的主街

张壁村北门"德星聚"门

张壁村北门内的"瓮城"，向右拐通向二郎庙，向前走再向左拐通往村内的主街

黄土塬上的张壁村。上为堡墙，下临深壑，黑洞为通向沟壑的地道口

从"瓮城"向村外看。"德星聚"门上为吕祖阁

从北向南望张壁村的南门"护村镇河"门。门楼为"西方圣境殿。"坡道上通"可罕王庙"

从南向北望张壁村的主街

从可罕王庙俯看贾家巷建筑

从可罕庙俯看大东巷建筑

从南门楼上向北俯看

张壁村村北建筑俯看

张壁村的农家宅院

1164年的字样。

村中还保存有一块明天启六年(公元1626年)的《重修可罕王庙》残碑,从这块碑上我们也可以推断,早在元延佑元年(公元1314年)之前,张壁村就已经存在,而且至明代天启年间,它已是介休南乡一个人烟稠密的大村了。碑记中这样写道:"邑之东南张壁村,绵山环亘焉,土地肥润,人居稠密,诚南乡之巨擘也。…适其地,见其嘉禾遍野,问其人,咸颂年岁丰登,厚厥所繇,非神之呵护默佑不至。此村惟有可罕庙,创自何代,殊不可考,而中梁书延佑元年重建云。……"

张壁村的可罕王庙地处村子的南端。村落地形南高北低,因而它占据了一块最显要的位置。再加上建筑是矗立在一个类似村中之城的高台上,更显示出它曾经有过的重要地位和对村落空间的统领作用。

村子南门的东侧有一条与主街平行的大坡道,也是南北向,长约20m。4m高的坡道上就是可罕王庙的山门,宅朝向西方,迎对一堵照壁。山门之内是一个四面围合的庭院。庭院北端的平台上是三开间的正殿,两旁各有耳房,东祀财神,西祀子孙娘娘。院子的南端是面阔和进深各三间的戏台,东西两旁还有厢房。

可罕王庙原本祭祀的是哪位可罕,今天也已不得而知。中国人祭祀外族的首领,更是神秘和奇怪。那块明代的残碑中也没有道出个中原由,大概在那之前,这位可罕是谁就已经是一个谜,碑记只好笼统地说:"可罕,夷狄之君长也,生为夷狄君,殁为夷狄神,…以我中国人祀之,礼出不经,然有其举之莫敢废也,况神之福庇一方,护佑众生,其精英至今在,其德泽至今存,则补葺安可少?而祀典又安可缺耶?"

翻开中国的历史地图,我们可以看到,山西地处华北北部,历代与北方的强族为邻。早在东汉末年,曹操为了削弱匈奴的势力,曾经把南匈奴分为五部迁入内地,分散在山西中部各郡。离介休不远的祁县和兹氏(今汾阳)就驻扎过匈奴的右部和左部。西晋末年,匈奴北部帅刘渊在今山西的离石建立起汉国。直到十六国末年鲜卑族拓跋氏建立北魏政权,这期间山西还曾经处于羯、氐、羌等少数民族建立的后赵、前秦、后秦、后燕、西秦等政权的统治之下。在唐、宋两朝,山西虽然回归了中央政权,但仍不时受到西北突厥、夏、辽和金国的侵扰,特别是在五代和金、元等朝,又重新被外族占据。山西仿佛是一个民族文化的大熔炉，铸就了三晋文化兼容并蓄的特色；而那曾经激荡的金戈铁马、胡角羌笛，也必然会在历史的幽谷中留下不绝的回响。张壁村的可罕王庙或许就是长期而频仍的民族冲突和交往在这块黄土地上留下的一个遗痕。

4. 地道

与可罕王庙同样神秘的是张壁村的地下，还有一套长达数千米的地道体系。据村民们介绍，村中的每条巷子里都发现过地道的入口，他们的祖父辈先人就曾在下面玩耍。他们还说，地道还和一些水井相通，汲水十分方便。虽然现在地道的大部分都已经淤塞，但在村南地下清理出来的部分已达1000多米，工程十分可观。已经清理出来的地道错综复杂，部分区段有上下两层，甚至三层，浅处离地表不足2m，深处则有20m。地道内部宽处尚可并行二人，窄处仅能通过一人。大部分区段高度不足1.8m，个子稍高的人就只能弯腰躬背前行。黄土的洞壁上，每隔几步便有用锄头锄出的一个凹痕，看来是用于放置油灯的小龛。在上层地道有两处较宽的土洞，沿壁挖有喂养牲畜的饲料槽。另有几处土洞，面积各约10m^2，村民们猜想它们是指挥用的"将军窑"和收监俘虏的"俘房洞"。它们的附近还有三个可容一、二个人躲藏的"猫耳洞"，前去考察的军事专家称之为"伏击窑"。地道蜿蜒曲折，通往村西的沟壑。或许在村子遭到围困之时，它可以起到调遣和转移兵马及物资的作用。

这条地道掘于何时？是整体规划一次挖成，还是由历代逐步拓展而成？它曾经起到过什么作用？大概是为了保守秘密，前人对此没有留下一点文字资料。又由于历史上的地震和洪水所造成的塌陷、淤塞，地道的全貌也已无法知晓。

地道的清理工作是在1994年秋后，由村支部书记杨成锐和村长王彦俊带领村民们进行的。他们推着小车从村西尧湾沟沟壁上显露出来的洞口进去，把一方方淤积了不知多少个春秋的黄土运出地面。而那被湮埋了不知几个世纪的地道，也就随着小车辙印的前行，逐渐呈现在世人的面前。然而，遗憾的是，由于他们缺少必要的考古知识，又没有文物工作者的配合，地道的清理挖掘破坏了大部分的原始洞壁，许多可能尚存的历史信息，也就混杂在那一车车的淤土之中，又被倾倒在村外的旷野和沟壑里。张壁地道终于成了一个无法破解的谜！

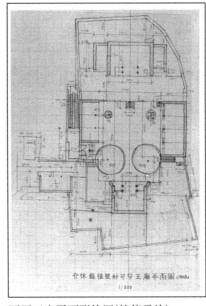

可罕王庙正殿

可罕王庙平面测绘图(赖德霖绘)　　可罕王庙戏台

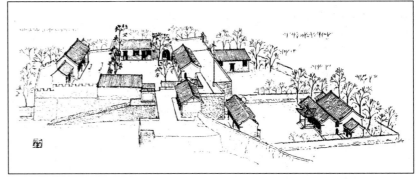

张壁村南门建筑群鸟瞰图(赖德霖绘)

从地理位置上看，张壁既不靠通衢要津，也不守关隘山口，并不见诸官方的寨堡记录。但它坐落于绵山之麓的高坡上，易退守，可出击，真好像虎豹在山，再加上这条绝非一般普通百姓藏身洞的地道，令人隐约感到，这里曾经有过一支神秘的民间武装存在。

1966年，灵石县的三位农民在绵山的悬崖石缝里发现了5件保存在一口铜罐中的抗金文献，这些文献向世人披露，在北宋靖康元年(公元1126年)，金兵大举南侵，攻占了山西的平遥、介休、孝义、灵石后，以李武功、李实为首的一支河东民兵勤王抗金，"仗义自奋，掩杀贼众，收复陷没州县。"他们曾在今天灵石的高壁镇韩信岭大破金兵(见山西省灵石县志编纂委员会编《灵石县志》)。灵石与介休交界，他们的活动范围是否会到达绵山的北麓、张壁村的附近呢？

5. 刘武周

也许是可罕王庙的历史被尘封得太久，也许是因为它在村中的高坎之上，而当地人把高地就叫作"圪垯"，或也许是人们把元明两朝的鞑靼人当作可罕的代称，又在发音上把它与"圪垯"相混淆，很长时间里，张壁的人们都把可罕王庙称作是祭祀丘陵之神的"圪垯庙"，甚至1991年6月出版的《介休文史资料》也是如此介绍。直到张壁古堡引起了外人的注意，村民们才想到了隋末唐初在山西称过帝、在介休打过仗、还被突厥人封为"定杨可汗"的刘武周。他们说，可罕王庙祭祀的就是刘武周，张壁古堡就是刘武周的部将宋金刚和尉迟恭的屯兵处，地道也是他们修造的军事防御设施。

据《唐书》记载，刘武周原是隋鹰扬府的一名校尉。隋大业十三年，他趁天下大乱，拉起万余人马，自称太守。又联合北方的少数民族突厥，打败了隋朝进剿的官兵。突厥立他作"定杨可汗"，他借机在

地道　　　　　　　　　　　　地道

地道　　　　　　　　　　　　地道内通向上层的台阶

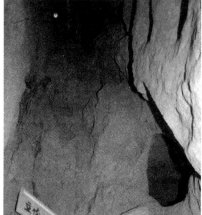
"立体三层"　　　　　　　　　地道内沿壁挖出的马槽

马邑(今山西北部的朔县)称帝，年号"天兴"。在唐朝初年，他以宋金刚为大将，再引突厥兵马，南下攻打唐兵，企图争夺天下。他曾攻破并州(今太原)、介州(今介休)、晋州(今临汾)、浍州(今山西翼城县绛县间)等地，对关中的唐政权构成极大威胁。唐高祖李渊不得不命令李世民发兵征讨。双方在柏壁(今山西南部的新绛县附近)相持不下。其间刘武周的大将尉迟恭曾袭破唐兵大营，杀死四位唐将，但他又被李世民打败。最后刘武周粮草不续，被迫退兵。李世民挥兵追击，在今灵石和介休之间的雀鼠谷，一日八战，大败刘武周。宋金刚从介休逃走，尉迟恭等降归唐朝，刘武周只带了500骑人马投奔北方的突厥。宋金刚本想收拾残兵败将继续反唐，无奈没人响应，只好也逃到突厥。后来他背叛突厥被斩，刘武周又企图谋归马邑，也因事泄被杀。

刘武周与李世民曾在介休激战，直到清代人们还可看到与他们的传说相关的史迹。嘉庆《介休县志》记载，在县西南13里的西靳屯村有标记双方战斗的秦王塔；县南4里，有尉迟恭迷惑唐兵的假粮堆和李世民收降他的金果园；在县北10里的段屯村还有尉迟恭大战单雄信留下的拔戟泉。也许对于老百姓来说，历史的真实并不重要，他们更喜欢的是历史的浪漫。隋唐的故事早已通过那些传奇演义流传于中国的乡土社会之中，尉迟恭、程咬金等好汉们至今仍是白发垂髫津津乐道的话题。所以，当现在人们突然关心起可罕庙的神祇时，村民们很自然就想到了"定杨可汗"，想到了尉迟恭和宋金刚。

如今的可罕王庙重建于清乾隆三十二年(公元1767年)。"文化大革命"期间，庙里的神像都被砸烂，房屋改成了小学教室。现在，小学校已经迁走，神像又重新塑起，他们是身披金黄色皇袍、头戴平天冠的刘武周，手持钢鞭的尉迟恭和宋金刚。香烟依然氤氲，神像仍旧威严，不过，世事的变迁给历史造成的断裂却是再也无法弥补的。走进可罕王庙，脚下的石缝里是攒聚的春草，庭院中的古柏直指蓝天，老槐树也把宽阔的树影洒盖在砖石之上。望着庙里的神象，我想问，它们和以前的一样吗？古柏不语，只有老槐树上不时透出几声小鸟的鸣叫。

6. 张姓和贾姓

张壁村是不是三国魏晋时期留下的坞壁？张壁村的先民是不是隋唐"定杨可汗"

可罕王庙内的刘武周塑像(1996年重塑)

刘武周的属下?这些问题大概永远都不会再有答案了。不过,可以肯定的是,在清代雍正年之前,张壁村就不是单姓的血缘村落,而是由许多不同姓氏的家族或家庭组成的。村中现存的康熙五十九年(公元1720年),《增修墙垣堰院碑记》记下了338位,也就是338户捐款人的姓名,他们共分41个姓。其中最大的两个家族分别是张氏和贾氏。在这块碑中,张姓共有96人,贾氏共有70人。张壁村的村名也见诸那块明天启六年(公元1626年)的《重修可罕王庙》残碑,或许张壁就是因为张姓居多而得名。

张姓人家的始祖叫张能,贾姓人家的始祖叫贾文智,他们是明朝时人。这些记录都见载于两个家族的神纸或祠堂的碑记之中。所谓神纸就是排列着各代族人姓名的大卷轴。张家的神纸现保存在张能第16代孙张勋举先生家中。勋举先生告诉我,在"文化大革命"中,这些神纸险些被当作"四旧"烧掉,多亏他爸爸张学陶先生冒着风险藏在家里才保存下来。

1995年我第一次到张壁考察时,曾经拜访过学陶老人,当时他已经85岁高龄。他回忆说,他的先人们讲过,在元朝的时候,社会动荡不安,绵山上常有土匪下山抢粮。一次他们到了张壁村,看见南门外人头攒动,像是一队人马正守候在那里,吓得赶紧逃回山中。其实那只是一片高粱

地,但事后人们说,这是刘武周显灵了。我记起在介休后土庙博物馆里曾经看到一通元《冀宁路汾州介休县豹虎何村建永泽庙堂记》碑,上面写道:"大元龙兴,钦崇神圣,诏诸路郡县所在名山大川、五岳四渎、忠臣烈士,凡有功于民者,祀之。"这通碑印证了老人的回忆,因为可罕王"有功于民",所以百姓为他建庙献祀。

1997年我第二次到张壁,学陶老人已在一年前谢世。张勋举先生又告诉我,他的祖先原是陕西凤翔府人,在明代从山西洪洞迁来张壁。他轻轻地挪开父亲生前居住过的旧窑洞中堆放的杂物,点起蜡烛,打开那扇长年紧锁的内室小门,然后虔诚地抱出一条长有2m,高宽各有20~23cm的木匣,那里面存放的就是整个张氏家族的神纸。勋举先生给我展示了其中最大的一份,它长约2m,宽约1.5m,上面自上而下依次整整齐齐地排列着16代先人的姓名,足有七八百位。在长卷的上部、中部和下部还分别画有始祖考妣的坐像、祠堂建筑的样式和猪、羊等祭品。望着这些密密麻麻、世代繁衍而成的人名,我顿时感受到了一种生生不息的生命力,和一种血缘关系的凝聚力。

贾家的神纸和张家的大小、构图都很相似,现存在第17代后人贾希福家中。贾氏始祖叫贾文智。村中贾家巷原贾家祠堂中保存的《贾士建立祠堂碑记》中说:"大明年间始祖贾文智从晋阳省城剪则巷徙至介邑南乡张壁村贾家巷定居。"

既然张家和贾家都是明代才到这一地区的,他们自然就与隋唐的刘武周没有什么关系。那么他们为什么会来呢?这个问题在两家的神纸里都没有回答,于是我们只好再回到大的历史背景中去寻找可能的答案。

明朝夺取政权之后,为了休养生息、巩固政权,采取了一系列促进生产的措施,其中包括招诱流亡农民垦荒屯田,由官家发给耕牛、种籽,并允许将所垦荒地作为自己的产业,免税三年或永不起科。朝廷还多次迁徙长江下游、山西、湖广、山东等省一些民稠地狭州府的人户到人少地广的区域开垦,也就是"民屯"。

与此同时,为了防备北部边疆的蒙古族势力,明王朝还实行了加修长城和卫所军屯等措施,沿边境设立了辽东、宣府、蓟州、大同、太原、延绥、宁夏、固原、甘肃九个边防重镇屯驻重兵。驻军的粮草一部分靠兵士自己屯垦,也就是"军屯"解决,另一部分则来自商人的运送。为了鼓

保存在张学陶先生家中的祖先牌位"神主祠"

贾希福先生保存的家谱，"神纸"

贾氏神纸上的始祖画像

盐却可以不用，所以他们就可以偷逃盐税而获利。张壁村周围田野开阔，"土地肥润"，交通也比较便利，正适合屯田种粮，再向外输送，因此未尝不可能是盐商经营的"堡伍"。康熙五十年，村中重建关帝庙，碑记中还有"古城盐商范公讳续者献宝刀一口、大钟一口、大鼓一面、神马工价一两"的记载，它多少给我们留下了一丝张壁与盐商关系的线索。

按照张家和贾家神纸上所绘的形制，两家祠堂都应有面阔三间、左右带八字墙的大门、四柱三楼的牌楼和另一个面阔三间的明伦堂，不过村中现存两家祠堂的实际布局并非如此。张家祠堂的入口是一座垂花门，贾家的是一座石库门。它们的内部都是一个由正房和两厢组成的三合院。张家的已改为新的民居住宅，面目全非，贾家的尚存正房和东厢房，全部是三孔的砖窑。

7. 堡门和堡墙

由于可罕王庙的始建年代不得而知，而它的现存建筑物已是清代乾隆三十二年(公元1767年)重建后留下的，所以张壁村现存有据可凭的最古老的建筑就要算是南堡门了。南堡门用毛石砌筑，中间开圆拱券门洞，门洞高3.5m，长9.5m，门洞的内侧西边还附有一孔窑洞，大概是先前把门人居住的值班室"更窑"。门额上方的题记写着："护村镇河，时大明嘉靖三十八年正月廿七日共村人等同修，平阳河津县石匠李□。"嘉靖三十八是公元1560年。既然南堡门的修筑时间已知，那么壁堡土墙也必然与此同时或在更早就已经存在。它会是什么时候初建的呢?如果张壁在古代果真是一座坞壁，它的堡墙历史就应该上溯到那个时候。不过，村民们更倾向于把它与刘武周联系起来。他们说，堡墙就是用挖掘地道所取出的土筑成的。那些在村里考察了几天的军事专家们也猜测说，这是"明修壁堡，暗挖地道。"

其实，用堡墙作为防御工事，是聚落抵抗外来之敌的最原始的做法。山西、陕西一带地处黄土高原，人们自然会因地制宜，用黄土夯筑墙体也就极为普遍。现在张壁村附近的宋壁村、渠池村，以及稍远的桑平峪、冷泉寨、宋丁村、三佳乡、西孤村、东刘屯、南两水村、霍村、穆家堡、旧新堡等等许多村落都还有残存的壁堡土墙。它们的存在显然就是历史上这一地区频仍的战乱和剑拔弩张的攻防态势的直接反映。

张壁村修筑南门的嘉靖年间，正是中

励商人输粮或纳粮到边关，明政府又采取了根据其输、纳米数额给予相当的食盐专卖执照"盐引"的办法。这个办法史称"开中盐法"，它曾经很大地调动了商人们运粮的积极性。由于是商人自己出粮，一些人为了减少买粮和运输的费用，便"自出财力、自招游民、自垦边地、自艺菽粟、自立堡伍"，在边地开荒屯种，这就是所谓的"商屯"。有研究表明，"开中盐法"首先实行于山西，除了太原、大同等重镇外，一些支援边关前线的粮储基地或纵深防御城镇如晋南的平阳(今临汾)、蒲州(今永济西)、解州(今运城西南)等地，也都是输纳粮食的地点(参见冯宝志《三晋文化》P.170)。

介休所在的汾州在明代属于地狭民稠的地区，它与太原、平阳二府，以及泽、潞、辽、沁四州同为移民的迁出地，而不是迁入地。同时介休又位于山西中部，也不属于边防重镇，所以张壁村的张家和贾家的先人不大可能是因为民屯和军屯而来。他们会不会是来这里搞商屯的盐贩呢?《介休县志》曾说："出县东北，张南、辛武、盐场等村滨河之田遇旱生碱不可种，居民即取土煮盐以资日用，官亦不加饬禁，民得私煮。"县志中还说到在介休经营食盐的好处："介邑居民，向食邻封土盐，虽领河东之引，未尝食河东之盐。…顾商人往往运行官引，私贩土盐以罔利，官斯土者，宜兼权而熟计耳。"也就是说，介休的百姓通常吃的都是本地产的土盐，商人们虽然有在山西经营食盐专卖的执照，在这里卖土国封建社会从它的顶峰走向衰落的转折时期。在它之前的正统、景泰、天顺、成化、弘治、正德各朝里，阶级矛盾和民族矛盾就在不断地酝酿并不时暴发。首先，剧烈的土地兼并、沉重的赋役负担、苛重的地租剥削迫使大批农民逃离土地，沦为流民，再加上连年的自然灾害，许多人不得不铤而走险，占山为寇，许多地方相继爆发了大大小小规模不等的农民起义，这些起义终于在崇祯年间演变成为推翻明朝政权的农民战争。明正德六年(公元1511年)，也就是张壁村修筑南门之前49年，中原地区的农民领袖杨虎曾率起义军攻破河北赵州进入山西，席卷整个晋中南地区，介休的邻县灵石"官民惊惧弃城逃，贼大肆焚掠，城为之空"(《灵石县志》)。《灵石县志》还记载，"嘉靖四十一年(公元1563年)，东山贼杨甫乘年荒聚众，劫掠杀杨(?)，千户居民被害，年余始平。"灵石县东山即绵山，由此可见，张壁村所在的区域在当时并不太平。

明代中期，与阶级矛盾并重的还有日益尖锐的民族矛盾。北方的少数民族瓦剌、鞑靼人逐渐强大，开始向中原的边塞进犯，靠劫掠汉民的生产生活资料维持他们的发展。明正统十四年(公元1449年)瓦剌首领也先进犯山西大同，明英宗御驾亲征，不幸被俘，史称"土木(堡)之变"。嘉靖二十年(公元1541年)鞑靼首领俺答遣使至大同阳和塞(今山西阳高)请通贡市，遭到拒绝后便调集人马，大举南下劫掠。此后直至隆庆五年(公元1571年)，在长达30年的时间里，俺答铁骑对山西的侵扰几乎年年不断。其中在嘉靖二十一年(公元1542年)一次纵兵深入直到太原城下，之后又焚掠而南，经晋东南的潞安、长子等地，这才折回太原，出雁门而去。据《介休县志》记载，这一年"七月朔，介休昼晦星见如深夜，俺答大举入寇，直薄城下，破石屯、王里二堡"。好在介休县城在明正统十四年和景泰元年(公元1450年)相继得到修葺，正德二年(公元1507年)又在四角增设了小楼，防御能力得到加强，因而才没有受到俺答兵马的践踏。

与介休城情况相似的还有邻县灵石的一个村寨冷泉镇。这个村在介休城南10km处，由于曾经受到山寇的侵扰，村民们在嘉靖十六年(公元1538年)修筑了堡墙，他们因此得以幸免兵燹。在嘉靖二十二年的《冷泉镇修寨记》中写道："筑之城，凿之池，惧患也。中外和乐，边境肃宁，何患

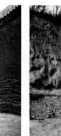

张壁村的南堡门"护村镇河"门　　张壁村的堡墙

张壁村的堡墙

张壁村的北门"德星聚"门

张壁村邻村龙凤村的土寨

张壁村邻村龙凤村的土寨　　张壁村北门瓮城及"德星聚"门上的吕祖阁

之口(有)?…奈何迩年凶荒，西山起寇，数为民患，城郭居民口口(得以?)安全，乡镇等处，扶老携幼，趋口(避?)山谷，犹被获罹害。吾冷泉者，路当冲要，俗颇华丰，劫财伤人，口(罹?)患愈惨，盖缘失险而无所与恃也。乡耆周虎、贺仲寿、张口等乃属乡众而言之曰：'鸟伤弓者高飞，鱼惊饵者深逝。兹患累切床口，设不预为之所口，恐噬脐无及，反鱼鸟之不如，愚之甚矣。吾镇高口(坡?)，东口锦山，西环汾水，西、南与北，三向峻峰绝壑，天险地险之境，又矧南北两山翠拱，有玉几方屏之称，其尤可嘉者，真胜概也。斯而城之，吾镇之民口(无?)往者之愚矣。"于是村民们"量力输财，聚工修筑，…再阅寒暑，始克落成。…追嘉靖壬寅岁(即公元1542年)，虏寇深入，

四方残害不忍言。吾镇及邻乡居民没入，俨然虎豹在山之势，得保无虞。自是而后，愈加增修，各家居室完备焉。"

像张壁和冷泉寨这样的壁堡在介休并不少见，现在，许多村庄都还有堡墙的残存，如宋丁、两水、刘屯、西孤、霍村、穆家堡等。此外，还有另一种堡墙，叫"土寨"或"圈子"、"寨子圈"。修筑堡墙，将整个村子包围起来，工程量较大，耗费也较多，这种做法多见于地处平原，或其他无险可守的村落。而那些靠近山峦的村落则多在山顶上夯筑一圈直径或边长在30～80m，高6～7m的土墙，构成一个土寨。它在和平的时候仍可作为耕地，遇有战乱，老百姓可以举村躲避其中，并居高拱卫村落。这种土寨在介休的龙头、峪子、河东、龙凤、东孤等许多村子都可以见到。峪子村土寨里还有乾隆三十一年(公元1766年)的《创建弥陀阁碑记》，上面写道："峪子村北有土寨，萃石河以环佩，列天险而拱极，洵避变之佳境也。"

国家政权的暗弱腐败，带来政治上的危机和军事上的紧迫，而当国家无法承担保卫国土、保卫人民的责任时，老百姓便不得不组织起来，自保求安，一个村落也就成为最小的防御单元。三晋大地虽然遍布丘陵沟壑，但汾河流域的地势并不险峻，村民们就只好修壁筑堡，尽管壁堡也非万全之计。《冷泉镇修寨记》中还写道："斯寨之筑也，人心有不愿者，虑其财费而事弗济，故吝财而不出，以观其变。"但大家最终还是取得了共识，并相应规定了应有的责任和义务："众相约曰，此奸人也，诚若此，孰肯先输财者，大事去矣。于是因产以输财，因财以裂地。其家富而不出财者，虽兴废变迁，不得寨中置买房地。有犯约者，许寨中有分之人争夺告官，以防其奸恶，以定众志，以济厥事也。故刻石以永其传。"虽然在张壁村我们没有看见修堡过程的详细记载，但从南门门额上的石刻所记"共村人等同修"判断，当时村民们大概也会有相类似的公约。

经历了数百年的天灾和人祸，张壁村的堡墙依然基本完整。它的周围有1km多长，高5～7m，底宽3m左右，顶部的完整处有1m多宽。它的土方量在当年完整的时候实实在在地足有14万m³!在一些墙段，夯层还清晰可见，约有15cm厚，然而却没有因固定筑版而留下的夹棍孔洞和分段夯筑的接缝。很明显，它是靠整体铺土，再用夯砣或碾压而成的。我不知道建筑这样一

圈壁墙要花多少时间、多少人力，但我能想像当时会是怎样一个场景。黄土地上是一群赤裸着臂膀的汉子，他们靠人拉肩扛，运来一包包或一车车的黄土，再在号子声中把它们压紧、夯实。头顶上是炎炎的烈日，汗水从他们胸前、背后滴落到脚下，浇灌在层层升起的堡墙中。村中的妇女、小孩，还有老人也在不停地忙碌，她们可能在为男人们烧水、做饭，也可能就站在堡墙上面，帮着男人们吆喝着牲口。我想当年的万里长城大概也就是这样，由一大群仿佛蚂蚁一般的人们堆成。他们的心中只有一个愿望，为了自己不再受到战乱的威胁，也为了子子孙孙能够平平安安的生活在自己的土地上。

张壁村的堡墙在明朝末年曾经重新修过。1992年夏天，清华大学建筑学院的研究生邹颖和舒楠考察过那里，她们告诉我，村中有一块残碑，上面有"崇祯十年秋日修筑堡墙"的记载。只是非常遗憾，限于时间，她们当时没有抄录。更遗憾的是，由于张壁村在那时还没有引起世人的重视，张壁村的村民们也没有留心保存这些历史记载。三年后，当我们再去调查时，这块残碑就已经不见了。

崇祯十年前后正是明末农民大起义如火如荼之时。这次大起义从天启七年，也即崇祯元年之前一年的陕北王二起义开始，逐渐形成燎原之势。农民军各部在陕西、山西两省作战多年，并在崇祯八年(公元1635年)齐聚河南荥阳共商反明战略，到场的有13家72营的农民军首领，这就是历史上著名的"荥阳大会"。《介休县志》记载："崇正(即祯)四年五月初十日，流贼由田屯入义棠，……五年，流贼自沁源入兴地村肆掠。……六年，参将虎大威从巡抚许鼎臣击贼介休，歼其魁'九条龙'。"九条龙即是13家农民军首领之一，而义棠、兴地都在介休南乡，距张壁仅十余公里。

8. 关帝庙与"张壁点灯、介休看明"

身逢乱世的人们最渴望的就是和平与安宁，而当他们对国家、对自身的力量失去信心的时候，便会把这种渴望寄托于神灵的庇护。在传统中国，最受人们崇拜的庇护神大概就是关羽。关羽本是河东解县(今山西运城解州镇)人，东汉末年他与张飞随刘备起兵。他的勇武忠义，被后世想像为能够助国安邦、保家护民的神力，因此中国的民间便不断流传、加工、改造着关于他的故事。封建帝王也一再对他进行褒扬。到了清代，顺治皇帝对他的封号竟

长达26个字："忠义神武灵佑仁勇威显护国保民精诚绥靖翊赞宣德关圣大帝"，使关羽由一员武将上升至"大帝"，成为与文圣宣王孔子并肩的武圣。在古代中国，几乎各个州县都并立文庙武庙。在民间专祀关羽的庙宇叫关帝庙、关圣庙、关王庙、关圣帝君庙、(关)老爷庙，还有其他如三义庙、五虎庙等等。关羽是山西人，山西对他的崇祀膜拜自然也就十分隆重，各地都建有规模可观的关帝庙。清代介休城内也有关帝庙，据《介休县志》记载，每年人们都要在春秋二季前去致祭。至于各村各镇的关帝庙则可以说是数以百计。

　　明末的农民起义打到了介休南乡，张壁村多少也受到波及。张壁村的关帝庙初建于战乱初平之后，又在太平年景里扩建、整治一新。村中康熙五十年(公元1711年)的《关帝庙重建碑记》中写道："我等遭明末之时，贼寇生发，寝不安席，附近乡邻俱受侵凌，遇有贼寇来攻，吾堡壮者奋力抵敌，贼不能入。贼曰：'汝村中赤面大汉乘赤马者是何处之兵？'我等曰：'请来神兵剿灭汝寇也。'贼自相语曰：'神兵相助，村中必有善人。'"不久官兵从县城赶来，出南门剿灭了"贼寇"。碑中又说："村众曰：'吾乡仰赖关圣帝君保护平安，理宜建庙祀之，彼时惜无宽广之地，逼门草创一间以权祀之。自我皇清定鼎以来，迄今七十余载，末遂其志。有僧了道与贾公讳国印者相善言曰：'见贵村门外，关帝庙临街，献祀之际，甚属不洁，何不重建以伸其诚？'贾公曰：'师言及此，正合我意，我等有心久矣。'于是会通香老张大祯、贾云瑞，会请纠首公议，按地分派，坡地每亩七分，山地每亩五分。人心通顺，写之日踊跃欢呼，无退其后者。可见，神之灵、人之诚也。"张壁村的关帝庙位于村子的南门之外，正是当年村民和官军与"贼寇"交战最激烈的地方。现在有了关圣帝把门，村民们便又多了一道心理上的安全保障。

　　关帝庙坐南向北，沿轴线布置大殿、献殿和戏台。大殿朝北，与戏台相对，两栋建筑建于康熙五十年，都是面阔三间，高一层，屋顶为带脊的硬山形式。大殿内的墙壁上画满了壁画，全是《三国演义》中关于关羽的故事，如桃园结义、过关斩将、水淹七军等等。殿内的塑像在"文化大革命"中曾被砸毁，又在1994年重新恢复。正中端坐高位的是关羽，左手边站着他的儿子关平，手捧军印，右手边站着大将周仓，为他拿着青龙偃月刀。大殿的前面是同样三开间并带有抱厦的献殿。献殿建于乾隆五十六年(公元1791年)。在它的后檐柱上题有对联："生蒲州、聚涿州、保豫州、镇荆州，唯尔称神称帝；扶玄德、结翼德、斩庞德、剿孟德，谁人塑像塑身。"横批："亘古一人"。

　　在关帝庙对面的僧窑顶上还保存着一个夹杆石座。村民们告诉我，这上面原有一根四丈高的柏木灯杆，是当年在张壁的守军给驻介休县城的宋金刚、尉迟恭传递军情用的。白天挂上彩旗，夜晚就升起一盏大红灯笼。村中至今还有"张壁点灯、介休看明"的民谣。这个说法显然带有传奇的色彩，因为张壁与介休相隔十数里，中间又有多道丘陵遮挡，一盏灯火根本无法被城里看到。况且，如果能用灯火，古人也就不必费力去营造烽火燧台，用烟火传递军事信息了。

　　但这句民谣的背后会不会有其他的可能性呢？村庄之间相距较近，灯火就可能通过一村一村的"接力"传到介休城中。在张壁和县城之间有宋壁和遐壁，以及南庄、峪子、龙头等村，它们之间就可以构成两条互能遥望的联络线。当张壁村遭到"贼寇"的侵扰时，村民们是不是就用这条联

张壁村南门外的关帝庙

关帝庙的献殿与正殿

关帝庙内保存的清代壁画

关帝庙内的关帝塑像(1996年重塑)

关帝庙内保存的清代壁画：桃园结义

络线很快通报了官兵呢？

9. 空王庙

战争都是"人祸"，在县志里称为"兵"，与"祥"并置，"祥"是指奇异的自然现象和自然灾害。在明清两代，山西的天灾也极其严重，旱、涝、雹、霜、风、虫、雨、雪、地震几乎不绝于史书的记载。据山西省文史研究馆编印的《山西省近四百年自然灾害分县统计》(油印本，藏于山西省图书馆)一书，在明万历十四年(公元1586年)到清宣统三年(公元1911年)这325年间，介休共发生过特大旱灾1次，大旱灾9次，中旱灾7次，特大水灾16次，大水灾6次，中水灾3次，特大风灾1次，特大雹灾2次，大雹灾6次，中雹灾3次，大冻灾1次，特大霜灾1次，大霜灾3次，特大虫灾3次，大虫灾4次，特大震灾4次，大震灾1次，中震灾6次，还有特大瘟疫2次。《介休县志》记载："神宗万历十四年，旱，大饥。十五年四月，陨霜杀稼，百姓流徙，饿莩载道。…二十六年，大旱，至二十七年七月，犹不雨，知县史记事多方赈济，民赖存活。…三十三年夏，大雨，绵山水涨，夜半入迎翠门，民居多被淹没。三十八年秋七月旱饥，九天疫疠，多喉痹，一、二日辄死。四十六年四月二十六日卯时，大地震，有声如雷，城垣邑屋倾塌殆尽，民多压死。夜二鼓，又震。五月初一日，又震。"

乡土社会以农为本，上靠天，下靠地，最希望风调雨顺。而在科学技术尚不发达，人类面对自然灾害还无能为力的时代，人们就只好求助于神灵的保佑。在介休县城之内，至今尚存两处著名的古迹，一处是后土庙，祭祀大地之神，另一处是玄神楼，祭祀"玄冥之神"。按照汉代经学大师郑玄的解释，"玄冥之神"即水神(参见张额《介休县玄神楼记》，《介休碑刻资料》第二辑)。这一土一水，恰恰是农业社会的命脉所在。

在介休的乡村里，人们还能见到另外几种水神庙，第一种是河神庙，河神即汾河之神，所以汾河沿岸的村落如西段屯村、义棠镇就祭河神。第二种是源神庙。介休的中部是绵山的支脉狐岐山，山上有泉，名"鸑鸴泉"，泉在洪山镇的洪山村，所以又叫"洪山泉"，泉水终年不竭，流分三河，介休中部和北部的几十个村庄的生产生活都仰仗于它，因此人们就在泉源兴建了源神庙。此外，许多村庄还有龙泉寺、龙泉观、龙天寺、元(玄)君圣母庙、玄姑洞、水母庙等等。

介休南乡的村庄坐落在绵山山麓，它们的水神是空王。空王又称空王如来，法名惠超，传说是唐初人，原籍陕西凤翔府，后入介休绵山，在山坳里的抱腹岩云峰寺修成正果。唐贞观八年，天旱不雨，长安耆老四处祈雨，惠超命弟子摩斯施雨，摩斯将淘米的泔水向西泼洒三勺，使长安连降三日大雨，旱情顿消。为了感谢惠超，唐太宗李世民亲自到绵山求谒，但惠超已悄然隐去，只有云间落下一面金牌，上书"古佛空王化现"。此后每年三月十七日，即传说的空王诞辰这一天，四方各府州县如榆次、太谷、祁县、平遥、汾州、孝义等地的百姓都要到绵山云峰寺朝礼圣境，报答佛恩，同时祈求甘雨。

空王的传说在介休极为普遍，许多乡村的碑记中都有记述。至于三月十七日是不是空王的生日并不重要。这个时候刚刚春播完毕，正需要雨水，而介休的多雨季节是在夏秋，恰恰春天降雨偏少，空气干燥，旱象最为明显。

现在，在介休南乡的村落中，我们看到张壁村和宋壁村还保存有空王庙。张壁村的空王庙建于明万历三十至四十一年(公元1602—1613年)间，正是介休遭遇大旱的那些年份。庙殿面阔三间，屋脊是蓝绿黄三彩的琉璃鸱吻、仙人楼阁、刀马人物，雕工细腻，制作精美，令人对明代山西高超的琉璃艺术赞叹不已。殿内塑佛像三尊，正中为空王，左右是他的徒弟摩斯和银公。佛像遍体金妆，墙壁上画着绵山上的风景和建筑，显出村民们对空王的赤诚和虔敬。庙廊下还有两通极为罕见的孔雀蓝色琉璃碑，记述了庙的修建缘由。《创建空王行祠碑记》说，张壁村是四方各府州县百姓登涉绵山、朝拜空王的必经之途，"凡散人到此，无不止息。或遇天雨胜大，不能相礼，此村南而焚之。"现在人们登游绵山可以沿公路坐车直达山脚下的兴地村，而在古代，人们则要靠双脚步行。村民们告诉我，那时候从介休县城上绵山，走张壁村这条路是最近的。也就是从县城先到龙凤村，再到张壁，再经过渠池、神湾、北槐志、南槐志四村最后到达兴地村。

张壁村里有位退休工人郑广根先生，他对村子的过去极为留意。他告诉我，古时候祈雨要靠心诚感动老天。祈雨的雨师头顶上要顶着刀枷，或将铡刀捆在身上，还要肋挂银钩，入肉见血。他们自集行列，一行数人，光膀赤足往绵山祈祷。边走边唱："空王佛，下大雨，下了大雨救万民。

空王佛，开开恩，救救天下众民生。……"祈雨行列最前头的人叫"报子"，一般他总是抢先一站，通知沿途各村空王佛的信徒，做好接应的准备。在张壁村，当人们得知祈雨行列来了，便会由"善友"撞钟，招集村民们聚集。钟声对于信徒们来说就是号令，他们会立即放下手中的活计，赶到空王殿前烧水煮饭，或用祈雨楼抬出神位迎接雨师的到来。这时，那些年岁大的村民已经开始在殿里对着空王佛像作祈雨的祷告了。现在，张壁村空王殿里还保存着当年的祈雨楼。祈雨楼通体为木质，造型像一座三层的楼阁，高2m，宽近1m，楼顶为十字交叉的歇山顶，阁楼的出檐下有斗栱，还有精致的雕刻花饰，与这一地区的楼阁建筑非常相似，在它的四根角柱上还有四只穿抬杆用的耳环。

除了水神空王之外，张壁村的村民们还在关帝庙、可罕王庙等处的配殿里祭祀山神、龙神、蚱蜢（即蝗虫）、财神、魁星、痘母和子孙娘娘。这些神统管着天、地、山、水、虫，还有人间的取仕、致富，以及生子、求医和问药。

10. 兴隆寺、槐抱柳、三大士殿和西方圣境殿

空王庙是村中继罕王庙之后兴建的第二座庙宇。在此之前，村中还建造了一座古刹寺。按照《介休县志》的记载，这座古刹寺又名兴隆寺。它位于现在的户家巷以南，东临村子的正街。村中关帝庙的一块残碑记道："北门里西侧有寺一座，名曰古刹，其地高明，坐坎向离。……散人逸士有志登山迈岭者罔不游憩于斯，诚冀南一胜概也。"从碑记中可知，张壁村在空王殿建起之前就一直是人们登游绵山的必经之地。碑中的残句还告诉我们，兴隆寺建于明隆庆年之前，并在万历二十二年（公元1594年）起意重修，正殿加接了重檐并换了格扇，另外还新盖了南禅堂三间，以及东西廊。

郑广根先生说，兴隆寺的建筑原有影壁、山门、钟楼、中殿、正殿。正殿面阔三间，进深两间，屋面为青瓦硬山顶。正殿的东耳房为姑嫂殿，正像为姑，偏为嫂。西耳房为阎王殿，阎王旁边是判官、小鬼和牛头马面。兴隆寺的总占地面积为1200m²，对于一个不大的村落来说，这个规模相当可观。非常可惜的是，这些建筑在抗日战争和解放战争期间遭到了严重的破坏，解放后被改为供销社，所有房屋又在1991年全部拆除，在它的基址上新建起

了"张壁小学"。只有山门前的一堵照壁和照壁前面小广场上的一棵槐柳合抱的大树——村民们叫它"槐抱柳"——得以幸存。

现在，这个小广场已经成了村中的一个公共活动中心。小孩子们喜欢爬上槐抱柳的老树杈玩耍，老人们喜欢坐在照壁前的砖台上乘凉或晒太阳，妇女们则喜欢坐

张壁村北门建筑群鸟瞰图（赖德霖绘）

空王庙屋脊上精美的琉璃瓦

空王庙

祈雨楼

空王塑像

绵山抱腹岩云峰寺

张壁村南门的龙神庙

绵山抱腹岩云峰寺

张壁村北门二郎庙上的痘母阁

农家宅院里供奉的土地祠

农家宅院里供奉的土地祠

张壁村可罕王庙西耳房内的子孙娘娘塑像(1996年重塑)

张壁村可罕王庙东耳房内的财神塑像(1996年重塑)

张壁村关帝庙西耳房内的蚜蛴神像(1996年重塑)

在广场边上房屋的屋檐下织毛衣,衲鞋底,再唠唠家常,小商小贩们也常常推着自行车或开着拖拉机到这里来卖菜。

说起农户人家还要买菜吃,这多少有些令人奇怪,村民们告诉我,这是因为这一带的农田都是旱地,只适合种些耐旱的作物,如麦子、玉茭(玉米)、高粱和山药蛋(土豆)。村子里过去有11口水井,分布在7条巷子里,它们的深度都在80~120m,取水很不方便。现在有了自来水,井也就不用了,但天旱的时候自来水有时也会停,用它来浇地对于当地来说是一种浪费,所以少量的蔬菜可以在自家的院子里种,浇点生活废水,大量的菜就要靠这些从山下上来的菜贩们。

继兴隆寺和空王庙之后,村民们又建造了一座三大士殿,并将南门楼也修成了佛教的庙宇"西方圣境"殿。从建筑大梁上的题字和碑记中我们得知,三大士殿建于清康熙三十一年(公元1692年),西方圣

境殿建于雍正八年(公元1730年)。这样,到了清代初期,张壁村已经有了四座佛教的寺院或殿宇。从外观上看,空王殿、三大士殿和西方圣境殿也是目前村中所有建筑中样式最为古老的,它们都是悬山式屋顶、坡度平缓,柱子的高度也较矮,不足3m,小于明间的宽度,这些都与村中乾隆年之后所建造的其他建筑具有明显区别。郑广根先生说,西方圣境殿里原来塑的是天地三界、日月星辰、云朵水涛、风雷电闪,东西山墙的台上是18尊罗汉像,殿内还有两尊护法神。三大士殿的中央为南海观音菩萨,骑羊,右边为文殊菩萨,骑青狮,左边为普贤菩萨,骑白象。从这些建筑和郑广根先生的描述中我们不难想象张壁村昔日的香火之盛。这一切除了与当地自然灾害的原因有关之外,还令人联想到明清两朝统治者对佛教的扶植和推崇。

据《明会典》和《古今图书集成释教部汇考》等文献史料的记载,洪武初期,明太祖朱元璋几乎每年都要在南京一些大寺院里召集名僧,举办法会,并率领文武百官亲预其事。洪武六年(公元1373年)太祖还下诏要对全国各地的僧尼普遍免费发给度蝶。洪武二十七年他又颁发"榜文"对佛教寺院,"钦赐田地,税粮全免;常住田地,虽有粮税,仍免杂派人差役。"(出处同上)明代其余诸位皇帝,多数也是佞佛的。到了清代,顺治、康熙、雍正、乾隆诸帝对佛教更是推崇。顺治曾削发出家;康熙每下江南,几乎都要参礼佛寺,延见僧人,还多次巡幸五台山;雍正则自号"圆明居士",以超等"宗师"自居;乾隆完成了佛教大藏经《龙藏》的勘刻,并组织了大批人力,把汉文藏经翻译为满文。俗话说:"上有所好,下必甚之。"统治者对佛教的扶植、崇尚,必然会有助于地方上宗教活动的活跃和寺庙组织、规模的扩大。

张壁村在明代已经有了住持僧人。兴隆寺的修建就是后来发起建造空王庙的住持僧性奇、性高会同村里的"纠首"——带头人组织的。碑记中还记下了他们的门徒以及法孙、重孙的法名,并有"殿后有王世禄施舍车路出入寺西,前人□置舍寮一亩"的残句,这说明兴隆寺的经济来源包括捐赠和寺田。现在,在村北三大士殿的下面隔户家园巷与兴隆寺相邻有一个宅院,在关帝庙的西侧可罕王庙的院内也有若干间砖窑,当年它们都是村里的住持僧的僧舍。郑广根先生还告诉我,过去张壁村的僧人们在可罕王庙的南边有一顷多耕

地，这块地不缴钱，不纳粮，最多支付一些寺庙的香火费用。每年七月初八罕王庙里要举行祭祀"献盘子"，一切开销要由庙上负担，除此之外，别的支出很少，所以庙里每年都会有不少盈余。现在，在村北僧院的南影墙上还留有一个大大的砖刻的"福"字，这一个字就透露出乡土社会里宗教的世俗本性。

11. 二郎庙

　　康熙三十一年，三大士殿建成了。加上先前明代在东侧建造的空王庙，张壁村的北门左右两边各有了一座寺庙建筑。在使用上它们是村子北部的一个宗教中心，在视觉上，又像是两座门阙，对北门起到了拱卫的作用。但是北门究竟应该怎样建呢?村民们听从了风水师的指点。张壁村在绵山的北麓，村子的地势南高北低，村子的主街也是从南而下直通北门，所以风水师说："风水之自山来者，易泄难留。"(《本村重建二郎庙碑记》)要想"收风水而成富庶之乡"，就要在北门外再修造一座起屏蔽作用的建筑。于是村民们修筑了一圈瓮墙，又在里面建造了一座二郎庙。

　　二郎神是道教的战神，传说他本名杨戬，是玉皇大帝的外甥。他住在灌江口，因此实际也是一位水神。张壁村的二郎庙在乾隆八年(公元1743年)之前就已经建成，但它仅是一座单层的小庙，村民们还嫌它太矮，担心屏蔽的效果不好，又在乾隆八年对它进行了重建。首先是将原来的旧殿改成了五孔砖窑，再在上面新盖了三间正殿。至今二郎庙的墙壁上还保存着当年绘制的壁画二十四孝图和二郎神手持三尖两刃刀的立像。正脊上也保存着当年上梁时的题字："时大清乾隆捌年岁次癸亥闰四月戊午十八日辛未午时上梁大吉大利"，并有坤卦的符号"☷"(水)。

　　这次改造还在二郎庙的对面起建了一座戏台。这座戏台面阔三间，在乾隆十年(公元1745年)建成。村中的可罕庙与关帝庙各有一座戏台，但二郎庙前的这座是最高大的。戏台和庙之间还有宽阔的广场，足可以容下村中所有的人。至今在戏台的内墙上还保存着同治和光绪年间两个戏班来唱戏时留下的戏目题字。

　　戏台的下面是一道"丁"字形的门洞，横边向南是村子的正街，直通南门;向北通向二郎庙。而正街沿竖边向东转，出"新庆门"就到了村外。

　　乾隆十一年(公元1746年)，介休的举人翼永棠到张壁村看到新建的庙宇和戏台

张壁村南门楼"西方圣境殿"(1995年3月摄) 1996年重修后的西方圣境殿

小广场上的卖菜拖拉机

张壁村中央原兴隆寺前的槐抱柳和小广场　小广场边上的修鞋人

张壁村中的老井，井亭的墙壁上有供奉井神的小龛

后，在《本村重建二郎庙碑记》中写道:"如此则北庙与南庙互相掩映，而风水之自山来者不将愈为屏蔽而成一方之重镇哉?近闻风鉴之至其地者，见其人民辐辏，物阜财丰，辄羡其为富庶之乡，而不复惜其形势之南高北低也。余于此既嘉阖村人同心协力有功，益以信人杰地灵之说为不可易

也。"

其实,张壁村的"人民辐辏,物阜财丰"并非是"风水"的结果,否则何以会在风水被屏蔽之前就如此呢?在这通碑的背面还有一连串的出银人姓名、出银数量和一些钱的来源,它向我们透露出当时张壁人在省外活动和张壁村与外界联系的一点信息,这些信息使我们相信张壁村的经济来源并不是仅靠农业。在所有出银人中,有五位身份非常特殊,他们是周家口领疏人贾良遇、朔平府领疏人王杰、魏县领疏人张元维、庞各庄领疏人贾士舜、甘州领疏人贾大定。在他们的名字后面是出银人名,其中贾良遇、贾大定后的出银人是一长串商号的名称。通观张壁村的各个碑记,我们不难知道,所谓"领疏人",又叫"领疏头人",用今天的话说就是集资人。贾良遇、贾士舜、贾大定三名也见诸贾家的神纸,他们分别是家族的12世、11世和10世祖。周家口即今河南周口,甘州即今甘肃张掖,庞各庄即今北京大兴,魏县县名虽不见于清代历史地图,但有可能在今天河北大名附近。

在二郎庙正殿廊下的西侧还有一通康

张壁村北门的二郎庙正殿

戏台上保存的清代戏班题字

二郎庙内清代的壁画、二郎神像

二郎庙正殿对面的戏台

张壁村主街上的小商店

熙十六年(公元1677年)的《金妆空王古佛圣像殿宇施银人名》碑,其中也有五位领疏头人,他们是右卫领疏头人靳国钦、苏州领疏头人贾云焕、南京领疏头人贾国钦、豫州领疏头人罗维秀、胡(湖)广领疏头人张盛。贾云焕、贾国钦是贾家的8世祖和9世祖,他们的足迹比贾良遇等人更远。由此可见,至迟在清代初期,张壁村就与当时国内一些经济比较发达的地区或州县建立了联系。虽然我们目前尚缺少关于这些联系的具体的材料,但仍可以断定,他们既然能下决心不远千里、跋山涉水,就不会把自己的目标仅仅定在为几座小庙募化几百两银子之上。他们很有可能就是张壁村在外地经商的商人。

前文我们曾经提到,明初的"开中盐法"促进了商屯的发展,然而到了明代中期以后,由于阶级矛盾和民族矛盾不断深化,战乱频仍,国家的财政开支激增,政府不得不采取每引盐加大纳粮数和增发盐引数量的办法来增加边关的粮食供应,这使得商人的利益受到很大损害。后来政府又推行户口食盐制,按人口强行推销食盐,更给盐商的销售造成困难,一些小盐商纷纷破产,还有一些盐商转而经营其他商品。山西商人涉足的领域因此反而越来越宽。乾隆《平阳府志》曾说:平阳(今临汾)商人"每挟资走四方,所至多流寓其间,虽山陬海澨,皆有邑人。"民国《太谷县志·序》中说:太谷商人"自有明迄于清之中叶,商贾之迹几遍行省,东北至燕、奉、蒙、俄,西达秦陇,南抵吴、越、川、楚,俨然操全省金融之牛耳。"他们经营的商品除了盐粮之外,还有布、绸、洋铜、木材、烟草、皮张、毛毯、大黄、玉石、茶、煤等等。到明末,晋商已经成为雄据海内的最大商帮。在清代鼎盛时期,一些大商号凭借雄厚的资本和遍及各地的分号,转为经营金融汇兑业务,办起了钱庄、票号,成为全国金融界的执牛耳者(见冯宝志《三晋文化》)。介休也不例外,清代李燧在他的《晋游日记》(乾隆五十八年至六十年)中写道:汾州出外贸易者,首为"富人携资入都,开设帐局。""其次则设典肆。"民国十九年(公元1930年)新修的《介休县志》也说:"介休商业以钱当两商为最,其他各行商号,均系兼营并弩,绝少专业,亦无大资本家。至邑人出外贸易者,在京则营当商帐庄、碱庄,在津则营典质转账,河南、湖北、汉口、沙市等处,当商、印行邑人最占多数。"

到道光十五年(公元1835年)时张壁村

已至少有了6个商号。这一年的关帝庙《重修仪仗补葺彩绘碑记》的捐款人名中记下了它们的字号：益昌号、同顺号、兴义号、义庆号、三义楼和大兴号。在村子南门内一座新修的小商店前的铺地上，我还看到一块年代不详的残碑，碑文看上去是纪念村中的一位人物的，上面的残句称该人"兼以商起家"，"谓吾往来四方，岂徒自娱？"

现在，在张壁村主街的贾家巷口，还有一间形态颇古的商店，店的主人姓张，看来店也是张家的先人遗留下来的。村民的日常生活用的茶米油盐、酱醋烟酒、针头线脑、糖果糕点都可以在这里买到。商店的入口前有一个高约1m的台子，店门后退，所以临街形成了一个带有屋檐的室外空间，它的外观效果与主街上一般建筑封闭的实墙相比显得格外开朗亲切。费孝通先生曾说过，地缘社会是商品经济的基础，因为在地缘社会人们才可以不讲情面，摆脱亲情关系的约束（《乡土中国》）。张壁村内部的商业活动是不是也可以归因于它所有的杂姓基础呢？

12. 真武庙

也许正是因为有了钱财才更迷恋于钱财，更注重对村落风水环境的经营。张勋举先生告诉我，张家的第14代祖张九成曾于道光咸丰年间在湖北汉口经营当铺，张壁村南门外的石桥就是他捐资建造的，他还为这座桥起了一个名字，叫"藏风桥"。"藏风"就是包藏风水、聚气敛财的意思。至今这块刻石还镶嵌在桥的券洞上。

二郎庙建成以后，村民们又于嘉庆十三年（公元1808年）重建了真武庙。真武即水神玄武，与青龙、朱雀、白虎并称"四象"而主北方。宋真宗时为避赵氏"圣祖"赵玄朗之讳而改称真武。真武独尊始于宋元两朝，到明代达到了顶峰。明成祖朱棣特加封他为"北极镇天真武玄天上帝"。真武不仅被当作道教的上帝而受崇拜，还因为他主北、属水，又被皇宫内府中各监、局、司、厂、库等衙门和民间的商贾供奉以除火患。张壁村在北门轴线上建造两座水神庙，显然是想给这个风水的"屏蔽"加上"双保险"。

真武庙初建于何时不得而知，但《本村重建二郎庙碑记》中称二郎庙建成时，"北庙与南庙（即南门的西方圣境殿）互相掩映"，就说明乾隆十一年时还没有这座庙宇。重建的真武庙在空王庙和三大士殿之间的门洞"青霭门"之上，背靠二郎庙戏台，正对南门。在它的前方左右两边还建起了一对钟鼓楼。真武庙为硬山青瓦顶，面阔与空王殿、三大士殿一样，同为三间，但由于它的柱高为3.7m，较前二者都大，又有钟鼓楼的衬托，所以在北门顶上显得非常挺拔突出。真武庙的大殿内供奉着真武大帝的塑像，墙壁上也有壁画，描绘的是真武修行过程中的各个故事。

在真武庙建成后的20多年里，村民们又对北门的风水屏蔽做了两次大的修改和补充。第一次是在嘉庆二十一年至二十四年（公元1816年至1819年）重修了北门外瓮墙的大门"德星聚"，第二次是在道光十一年（公元1831年），这次最重要的工作是在二郎庙旧山门的东边新建一座三开间的山门，而将原来戏台下的门道封闭，原因是按照风水上的说法，"二郎庙山门直冲村南，不若改建艮方更多停蓄。"（《重建奎楼山门碑记》）除此之外，这次修改和补充还在北门外约1里处的村口"葫芦颈"建造了一堵照壁，并将北门外原先直行的水道沿着堡墙向村子的东南方向弯折，以图所谓"于阖村大有回护"（同上）。

如果我们把空王殿看作是农业经济条件下人们自然崇拜的产物，那么现在张壁村二郎庙和真武庙的崛起，是不是可以说是村落内部正在萌发的一种对金钱的崇拜的反映呢？

13. 巷门和更窑

风水对"气"、对"财"的围护是心理上的、精神上的，而实际真正能够让人们高枕无忧的还是具体的物质的手段，如高墙、地道，还有防盗门、值班室。

张壁村的正街上有两孔砖窑洞，各宽约3m，深约6m，内部有门洞相连，现在是村子里的电磨房。村民告诉我们，它们原先是村里的更夫守夜居住的地方，叫"更窑"。村子的户家园巷、贾家巷、西场巷还各有一道巷门。村民还告诉我们，在过去，这几条巷子里住的大户人家比较多，不信看看它们里头的住宅的规模和质量就可以知道了。

刚到张壁村，导游雅玲曾给我们讲过村中一个关于"飞毛大盗"的传说。她说古堡里从前有一位飞毛腿，脚下长着三根毛，每天晚上都去祁县、平遥一带偷东西，回来后分给村里最穷的老百姓。到了明清时期，村里的张家、王家、贾家、靳家在外面发了财之后在介休名声很大，为了张壁村的名声，他们把飞毛大盗抓起来，压在了正街的石板下。

初听这个传说，我只是觉得非常荒诞好笑，并不以为然。待对张壁有了较多的了解后，才渐渐悟出了其中的奥秘。张壁村有高墙厚门足可以防范外来的盗贼，按说各个巷道不必再建巷门，而实际存在的巷门和更窑，不恰恰反映出一种和传说同样结构的贫富对立吗？

根据巷门上现存的碑记，西场巷巷门始建于乾隆十八年(公元1752年)，补修于道光八年(公元1828年)；贾家巷的巷门"永春楼"重修于道光十二年(公元1832年)，正是村中在为"风水"而大兴土木的那个时期。

14. 文昌奎星楼

嘉庆十三年，也就是村中修建真武庙的那一年，村民们还在可罕王庙里动了一次土，那就是把原来建在庙与僧舍上的文昌奎星楼挪建到村外。可是很不巧，没过几年，楼的基址便毁裂了。村民们想，这也许是神灵不想迁移，只有旧的基址才是安吉之地。于是又在道光十一年(公元1831年)将文昌奎星楼在原址上重建。据《重建奎楼山门碑记》，这座楼面阔三间，"高插云汉"。可惜它已于1941年毁于战火，今天荡然无存。

文昌奎星楼是祀主管文运之神"魁星"和"文昌"帝君的庙。村民们在希冀发财的同时，也渴望着文运的昌隆。文运意味着科举的成功，意味着仕途的腾达。

当年村民们在为村中的各个事件撰写碑记的时候，常常要注上署名人的官位和出身，这使我们多少了解到一些张壁村曾经出现过的官宦和士子。例如在重建文昌奎星楼的道光十一年，张壁村就有一位"布政使司经厅"张礼维，一位"历任寿阳、沁水、徐沟县儒学教谕"靳炳南，"从九"靳嗣旺、贾士瑜、张万育，"恩荣"贾士珩、靳宗孝、张景贵、贾中元、贾世勋，"乡饮介宾"贾充辉，"耆宾"贾清辉，监生贾士球、张仁寿。"布政使司经厅"是省里的官员，"教谕"是县学的老师，"从九"即"从九品"，通常是县里的小吏，"恩荣"有可能是指受到过政府褒奖的人士，耆宾即"乡饮耆宾"，与"乡饮介宾"一样，都是指那些年高德劭的老人，"监生"本是在国子监肄业的学子，在这里大概就是指一般的秀才。不论是大的布政使司经厅，还是小小的监生，他们在乡土社会里都属于有识之士，也多是富有之人。所以他们在村落中往往扮演重要角色。

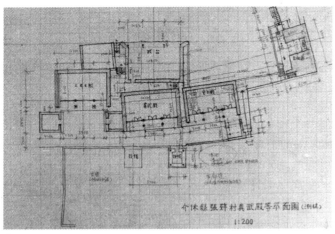

张壁村真武庙建筑群测绘图(赖德霖绘)

巷门和更窑

主街上原有的"值班室"更窑，现已改为村里的电磨房

张壁村村南小河道上的"藏风桥"

北门"青霭门"上的真武庙

张壁村户家巷巷门

张壁村西场巷巷门

还是以这通《重建奎楼山门碑记》为例，在它的正文之后是村落中各位管事和这项工程的发起人、组织者的姓名。各种管事从前到后依次为香老、公正、乡耆、乡约、乡保。其中香老共4人，有两位为恩荣；公正有3人，有一位是从九，还有一位是监生；乡耆有3人，其中有一位是耆宾。而发起并总理这项工程的人就是那位布政使司经厅张礼维和那位儒学教谕靳炳南。在这通碑的背面是长长的领疏募化人名单，共有289人，张礼维赫然排在第一位，他捐了60两银子，贾充辉、靳炳南也各捐了10两。

这种将领疏募化人名公布于众的做法不仅仅是一种"功德"的记录，也是村落中政治民主性的一种体现。它说明村落的事务并非只有少数人独揽，它也有全村公众的共同努力。

这种碑记有时还是村落政治公开性、透明度的反映。就在这通碑后就有三行小字，写着："靳家巷口靳宗福西房后，有槐树一株，当日勒宗福收过元银叁拾两，将树并长树地基壹块卖与公中执管，恐后无稽，泐石为据。"这就是通过碑刻将个人与团体之间签订的契约公诸于众，以确保它的执行。商品社会培养了人们的契约意识，而契约意识又促进了政治制度的公开和民主。

道光十二年(公元1832年)，张壁村歉收，张礼维、靳炳南、靳嗣旺，以及乡饮介宾贾士瑜、监生贾太和、恩荣张景贵，还有"候铨州同知"——知县级候补州官张思谦等人又捐银买粮赈济灾民。空王殿廊下东侧的《义捐济米碑记》详细记下了这些捐款的数量和使用情况："上共捐银493两，买米53石6斗，每石价银坐8，共用纹银466两5分，共食米人120户计大／小口308／90口，每日大／小口给米1合半／1合，自三月初十日起五月十六日止。石碑壹座价银13两，下余银13.95两，米6斗零8合，补修南北庙戏楼。"这样详实的记录显然是为了使这项事业能够得到公众的监督，以防止少数人在其过程中营私舞弊。

就在道光十一年重建文昌奎星楼的同时，村民们又建造了地藏堂(在西方圣境殿西北侧，已毁)、眼光殿(主祀不详，地点不详)、吕祖阁(在北门"德星聚"门顶上)和龙神庙(在村外藏风桥北)，又用红砂石铺砌了主街，"荡平正直，人称便焉。"(《重建奎楼山门碑记》)。

社区的建设需要公众的自主意识，有

识之士的积极倡导，还有执行人的认真负责，所以儒学教谕靳炳南在碑记中才会庆幸全村"善有同心"，并称赞说："吾乡之率作兴事者之乐善为不倦，而起意修理者之职与力亦不容没也。"(同上)。从这些碑记中我们看到了中国乡土社会中曾经有过的精英政治。

在二郎庙大殿的墙壁上至今还保存着一组"二十四孝"的壁画。在可罕王庙大殿以及两侧配房财神殿和子孙娘娘殿山墙的象眼——"个"字形屋架左右两个三角形中，也还有"举杯邀明月"以及"米元章拜石"、"周敦颐爱莲"、"林和靖赏梅"和"陶渊明采菊"等壁画。从中我们又看到村中那些官宦士子维护传统伦理教化与文人情趣的另外几个侧面。

15. 民居

张礼维是张壁村曾经出现过的最大官宦，他的宅第也是村中最为显赫的一所。它在贾家巷内，拥有东西两个大的跨院，进深直达北面的王家巷。不过，时代的变迁已完全改变了它原有的内部格局，只有入口那三大间的门屋和大门对面照壁上一个直径足有2m的硕大"福"字仍旧傲视着村中的其他民居。

张壁村的传统民居建筑按照它们的构造方式大致可以分为四种类型。第一种是靠崖窑，就是利用现成的沟坎或人为地将山坡垂直削齐再向内掏挖的洞室。这种窑洞平面呈矩形，窑顶为椭圆拱形。通常拱顶下还要加垫几根圆木大梁，以防止黄土的意外塌落。这是一种最为原始的建造方式，因为居室的朝向和院落空间都要受到地形的限制。现在村中只有一户人家还住在这样的窑洞里。这家人姓王，住在村外西侧尧湾沟的沟底。他家共有大小窑洞7孔，都是沿着崖壁西侧的一块长条形的平地挖成的。平地的北端稍宽，相当于一个主院，种着一棵柿子树和一棵枣树。院子的西、北两侧是土崖，窑洞就挖在这两侧。7孔窑洞中有4孔较小，是存放农具和其他物品的，另外3孔里面都有炕，显然原先住过一个大家庭。但现在其中两间又已变成了马厩和堆放粮食的仓库，只剩下一间住着主人和他的老伴。春天里柿子树和枣树上发出绿芽，主人的老伴坐在院子里，一边晒着太阳，一边纳着鞋底，小院里显得格外宁静与平和，但那正在颓圮的土窑依然掩盖不住它那遗世的寂寥和苍凉。

张壁村第二种类型的住宅是土窑，它的构造与靠崖窑相同，但外观就像是一座独立的房子。它是用黄土打成的。张学陶先生生前住的就是这种窑洞，但现在它也不多见了。

村中比较常见的是平地建造的砖窑，它是先用砖砌出窑洞的侧墙，再在上部以拱券的形式结顶。山西有取之不尽的黄土，煤炭资源又很丰富，正适合制砖。石灰岩也不少，用来烧制白石灰作为粘结材料也很方便。

其实，用砖作为居住建筑的材料也是一种不得已的选择。虽然中国对砖的使用早在两千年前的秦汉时期就已经开始，但在很长的时期里它只是在陵墓和塔等纪念

可罕王庙屋架"象眼"上的壁画　　　　米元章拜石
周敦颐爱莲

陶渊明采菊　　　　　　　　　　林和靖赏梅

性建筑中才作为结构材料。而长期以来，宫殿、寺庙和居住建筑一直采用木结构。

山西和陕西是中国农业化和城市化发展最早的地区，但这两项活动最直接的后果就是森林的消失。到明清时期，这两个地区的木材资源已经非常匮乏。梁思成、刘敦桢等著名前辈中国建筑史学者都注意到，在唐宋以后，中国建筑所用的材料小了，出现了省去柱子的"减柱造"和用几根细的柱子拼成一根大柱的"拼柱造"等等节省木材的做法，而这些做法恰恰正是木材短缺的反映。

康熙五十年(公元1711年)，张壁村曾经砍伐了一株"年远枯朽"的柏树，卖银120两。这笔钱若按前面所述《义捐济米碑记》的价格买米，足可供100个成人吃上3个月。木材如此昂贵当然只有有钱人的住

宅和特别重要的建筑如庙宇才舍得使用。一般人家最多在窑洞前加建一个木构的前廊。在张壁村现存众多的住宅中，只有户家园巷口还有一套完全用木结构建造的大宅院，它就是我们所说的第四种类型的民居。这套宅院也由东西两进跨院组成，东边的是对外的厅堂，厅堂后面是一个仿佛花园的小院。西跨院是一个有正房、两厢和倒座的四合院。整个建筑的木装修非常精美，足见原来主人的殷实富有。

木材逐渐减少迫使中国建筑从明清时期开始大量使用砖材。清嘉庆十五年(公元1810年)，介休兴地村回銮寺因西廊年深日久，塌毁严重，不得不将它拆除重建。但又因木材不足，只好改建砖窑。为此还特地立碑做了说明(《回銮寺西廊改作砖窑碑记》，介休市博物馆辑《介休碑刻资料》(油印本)，1991年)。

张壁村的村民制坯烧砖就在村南的黄土塬上。他们在一个土崖上挖出一个长轴9m左右，短轴7m左右的椭圆坑，并砌起必要的出砖口、煤坑、烟道，砖窑就做成了。挖出的，以及砖窑周围的黄土正可用来制坯。村民们告诉我，建一套房子一般需要两窑砖。一个砖窑一次可以出5至10万块砖。算起来2天出坯，6、7天晾干，烧9天，再用3天出窑，烧一窑砖只需要20天。

无论哪种住宅，它们的基本形制都是一正两厢，正房又都是一门两窗。"一门"是指堂屋，它的左右"两窗"是居室。张壁村民居的堂屋一般就是厨房，里面放着粮柜、水缸。炉灶设在靠门的一个墙角，烟道通向隔壁居室的炕。炉灶通常有两个火门，一个是夏天烧柴、烧秸秆用的，另一个是在冬天没有柴禾的时候烧煤用的。居室里的炕边有时也有一个炉灶，冬天在这里做饭，房间里可以更暖和一些。有趣的是炉灶上往往还有两个烟道闸门，分别控制着炕表铺砖下一曲一直两套不同的烟道。夏天热气从直道排出，房间不会太热；冬天就需要让它在烟道里多盘桓一会儿，炕也就热了。张壁村的人们通常是在居室里待客，比较亲热的客人可以直接坐到炕上。炕在居室的窗前，长与居室的面宽相同，宽有2m左右，可以横躺一个人。白天仅铺一层席子或地板革，晚上睡觉的时候再铺上被褥。在它上面人们可以吃饭、睡觉、干家务，还可以招待客人。我们就曾坐在郑广根先生家的炕上与他一起喝高粱酒，吃大妈亲手做的黄米糕和"搓圪垯"面。

现在社会变了，人们的观念也变了，

张壁村民居的堂屋里大多供奉着财神，只有少数人家还供奉菩萨和祖先的牌位。

农户人家还需要一个宽敞的室外院子，用来晾晒衣物和粮草，喂养牛马和猪鸡。他们忘不了大门内最显眼的位置上修造一个供奉土地爷的神龛，也忘不了在过年的时候，在窗框上、畜厩边给马王、羊王、牛王贴上一张红纸神位，再给大车、鸡、猪和果树写上几句好话。"土能生万物，地内产黄金"，"地接昆山开宝玉，门迎丽水起丹砂"，"增岁增寿增福禄，添吉添财添吉祥"，这些就是靠着黄土地生活的人们的最大心愿了。

看着张壁村中的一栋栋建筑，我们就像是在翻阅着一册册内容丰富的历史典籍，心中不时涌起对往昔岁月的概叹和对那些默默生活在黄土地上的人们的崇敬。

考察终于结束了。临行前，郑广根先生请我们到他家再吃一顿晚饭。他招呼着我们多吃几块黄米糕，说："回到北京就很难再吃到了。"我则把自己对张壁的感受写成了一副对联，送给他作为留念：

土堡、地道、明砖瓦窑，佛道神祇，俱关三晋文化；

金墓、元记、明清碑，隋唐传说，皆是千秋史书。

参考文献

书籍

1.徐品山.介休县志.(清)嘉庆二十四年(1819年)

2.谢均.灵石县志.(清)光绪元年(1875年)

3.冯宝志.三晋文化

4.山西省文史研究馆编印.山西省近四百年自然灾害分县统计.(油印本，时间不详，山西省图书馆藏)

5.介休市博物馆辑.介休碑刻资料.内部发行，1991年

碑记

1.(张壁村空王殿)"宽贤发顾碑"，(明)万历三十三年(1605年)

2.(张壁村空王殿)"创建空王行祠碑记"，(明)万历四十一年(1613年)

3.(张壁村关帝庙)"残碑"，(明)万历年间(约)

4.(张壁村可罕庙)"重修可罕庙碑记"，(明)天启六年(1626年)

5.张壁村关帝庙)"关帝庙重建碑记"，(清)康熙五十年(1711年)

6.(张壁村关帝庙)"增修墙垣堰院碑记"，(清)康熙五十九年(1721年)

7.(张壁村西方圣境殿)"重修金妆西方圣境碑记"，(清)雍正九年(1731年)

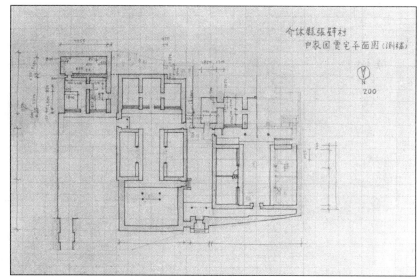
张壁村户家巷内的贾家是一个并排三进的大宅院

张壁村贾家巷内的张礼维住宅

张壁村张学陶先生家的窑洞

较为殷实富有的人家用木作为装修材料

张学陶先生家窑洞的堂屋。种子悬挂在梁下以防老鼠

张壁村贾家巷内梁广厚先生的住宅进门情景

张壁村外仍住窑洞的人家

梁家二门对面的照壁,上书 梁家宅院 张壁村人家在卧室内起灶,兼可做 炉灶与炕相连
"福"字,并有鹿(禄)寿图案 饭和取暖

炕道 张壁村外的砖窑

农家宅院里在结婚迎新时供奉着
祖先的牌位

窗户边上供奉的羊神神位

8.(张壁村二郎庙)"本村重建二郎庙碑记",
(清)乾隆十一年(1746年)

9.(张壁村关帝庙)"新建献殿碑记",(清)乾
隆五十六年(1791年)

10.(张壁村可罕庙)"补修可罕王庙碑记",
(清)嘉庆八年(1803年)

11.(张壁村西场巷)"补修门街记",(清)道光
八年(1828年)

12.(张壁村真武庙)"重建奎楼山门碑记"
(清)道光十一年(1831年)

13.(张壁村真武庙)"义指济米碑记",(清)道
光十三年(1833年)

14.(张壁村关帝庙)"重修仪仗补修彩绘碑
记",(清)道光十五年(1835年)

15.(张壁村贾家祠堂)"贾士建立祠堂碑
记",(清)道光二十三年(1843年)

16.(张壁村二郎庙)"重修二郎庙,空王殿、
痘母宫碑记",(清)道光二十四年(1844年)

17.(张壁村北门)"门洞之碑"(清)咸丰八年
(1858年)

18.(张壁村吕祖阁)"重修吕祖阁碑记",(清)
光绪三年(1877年)

19.(冷泉寨堡门)"冷泉镇修寨记",(明)嘉靖
二十二年(1543年)

建筑与科学

——读刘先觉新著《现代建筑理论》

汪正章

新千年将始，一部由我国著名建筑理论家刘先觉教授主编、20余位作者参编的大型建筑学术理论著作——《现代建筑理论：建筑结合人文科学、自然科学与技术科学的新成就》一书，与我们见面了。

2000年初，当我粗略地浏览这部巨著之后，便抑制不住内心的喜悦，在一份评议表上情不自禁地写下了这样一些话：

"《现代建筑理论》一书以其宏伟篇幅，对当今现代建筑理论及相关的人文科学、自然科学和技术科学进行了高屋建瓴式的全面梳理、综合集成、总揽汇通和深入透析，这在我国建筑界还是第一次，在当代世界建筑领域也不多见。该书的推出，是我国新时期建筑学专业教材建设和理论建设的重大成果，是以科学观念为指导，运用现代思维方法研究建筑理论的重大进展和突破，从而也是我国建筑教育界和理论界的一大创举。在新千年、新世纪即将来临之际，捧着和读着这部大书，尤使我感到振奋和倍受教益！她不仅对全国建筑院系广大师生，而且对整个建筑界都是一份十分难得的文化馈赠和精神食粮。"

紧接着，我写到：

"该书以哲学观和方法论为主线，建构了巨大的建筑理论框架和科学体系，几乎囊括了当代、特别是20世纪下半叶西方现代建筑的各种科学和文化、技术和艺术、观念和方法、思潮和流派，涵盖了现代建筑的最新理论和实践，是一部名副其实的百科全书式的宏篇巨制。"

最后，我写到：

"理论的力量在于指导实践。该书的出版，将会使我们在学习和借鉴西方现代建筑理论中广开眼界，启思增智，从而有助于促进现代中国建筑理论和创作水平的提高。"

如今，时隔半年多，当我不吝时间，终于断断续续地读完(远远不能算精读和细读!)了这部《现代建筑理论》(以下简称"理论")之后，自己又有哪些新的感受呢?总的来说，我仍然坚持当初我对该书所做的上述评价，它代表着我对"理论"一书的总体看法，只是在这种最初的评价和看法中，感性多于理解，热情多于冷静，赞赏多于思考。经过半年多来的日习月积，掩卷而思，脑际中不禁盘旋着这样一个中心话题：长长百万言的"理论"一书，向我们展现了当今西方世界一幅又一幅异彩纷呈的建筑立体画卷，为我们打开了其一个又一个机妙深奥的建筑理论窗口，那末，通读全书，她究竟给我们带来了哪些实质性的深层思考和理论启迪?以史为鉴，以他人为鉴，以西方发达国家已经和正在走的现代建筑道路为鉴，我们应当从中了解什么?追求什么?学习什么?对此，正如书中所明确指答；了解和分析西方建筑理论，这"并不是我们的最终目的，我们借鉴国外的一些经验，要以我国的国情为基础，要注意到不同社会、不同民族之间的差别，要瞩目于有中国特色建筑理论的建立，并使之应用于我国的建筑活动之中。"(原书189页)我想这一论述也应当成为我们阅读和评价此书的指南。

"理论"一书的可贵之处，正在于她不仅从更宽广范围和更深层次，为我们传递了西方现代建筑理论的新鲜信息，更重要的是为我们提供了开启现代建筑理论思维之门的钥匙，使我们能够多方位、多侧面、多角度地透析和把握现代建筑的问题和真谛，从而也为我们联系中国建筑实际重新审视过去和更好走向未来，提供了一系列发人深省的建筑理论参照系。其中，有关建筑及其理论的科学性问题尤为值得关注。作为国家自然科学基金所资助的重要研究项目，作者不仅在该书的题名中直接点明了"建筑结合人文科学、自然科学与技术科学的新成就"，而且其内容也全面揭示了现代建筑与科学相结合的必然性、广泛性和深刻性。作为现代建筑理论的精髓，"科学"二字始终是贯穿在全书中的闪光之笔。

一、现代建筑与科学相结合的必然性

　　20世纪是建筑结合科学取得重大进展的世纪。现代建筑在功能、结构、审美乃至空间、城市和环境等方面所取得的许多重大成就，无一不是得益于科学技术的进步。称科学是现代建筑发展的巨大推动力，应当说毫不为过。随着社会生活进程的日益变化和人们生活内容的日趋复杂，建筑结合科学的必然性及其对科学的依赖性不但不会削弱，而且只会增强，二者的关系将会变得越来越密切。

　　翻开"理论"一书的第一页，在其开宗明义第一段，关于"我们时代的特征是工具完善和目标混乱"这句爱因斯坦的世纪名言，就赫然跳入人们的眼帘。显然，该书是以此作为切入点，从广阔的时代背景和历史高度，为我们拉开了"建筑结合科学"的理论序幕。

　　众所周知，在当今时代，科学作为一种"工具完善"的最高形式，几乎已经能够足以应对和解决建筑中任何复杂的物质功能和工程技术难题，甚至像富勒畅想用直径3.2km的巨大跨度的透明网壳穹隆覆盖城市，美国、日本某些建筑学家曾大胆提出过建造千米以上的巨型摩天楼方案，也都不是没有实现的可能。非不能也，乃不为也——至少目前看来是如此。问题出在哪里？问题就出在"工具完善"和建筑目标之间相互关系的某种脱节。就建筑学而言，自工业社会的物质文明过渡到后工业社会的信息文明，自早期、盛期的现代主义建筑转变到当今的现代建筑之后，原来相对比较单一、清晰、纯粹的建筑目标已经变得越来越复杂模糊乃至"混乱"浑沌了。物质／精神、生理／心理、理性／情感乃至生态／文化、城市／环境、全球性／地区性等等建筑问题，空前无序化地交织在一起，并以前所未有的方式突现出来，从而大大困扰了建筑师们的思想和手脚。能否摆脱"工具完善"和"目标混乱"的怪圈，已经成了我们时代的最大建筑难题。

　　处在"十字路口"的现代建筑向何处去？"理论"一书以其厚重雄辩的历史事实告诉人们：由"工具"和"目标"的脱节而引发的建筑矛盾和思维困惑，其症结恰恰并不在于作为"完善工具"的现代科学本身，而在于能否使二者得以有机地统一和紧密地结合。现代主义建筑派别虽能利用自然科学和技术科学手段营造起一幢又一幢拔地而起和瑰丽无比的建筑大厦，但却忽视了现代人的多样而复杂的全面生活需求和目标。故此，才会有圣·路易城的普鲁特·伊戈居住区高楼被引爆那样的历史事件发生，才会有密斯·凡德罗设计的范斯沃斯"玻璃别墅"的诉讼事件出现。而以后现代、晚期现代及其他各种多元论为代表的新的建筑思潮，却各以不同方式突破了正统现代建筑的历史局限，并纷纷以相关学科领域的理论为支持，从而促进了"完善"的科学工具和"混乱"的建筑目标的统一，也推动了现代建筑理论的全面进展。各种建筑思潮如波涛涌起，各门相关的建筑学科理论如雨后春笋，它们相互促进而又交相融合，取得并形成了20世纪建筑理论的最大成就和最大特色。人们从后现代建筑所确立的世俗人文目标之与现代语言符号科学的理论关联，从晚期现代建筑的文化理性目标之与现代高科技手段的密切结合，从文脉主义、隐喻主义、新理性主义等为实现各种多元化建筑目标而对现代人文科学、自然科学与技术科学的广采博纳，不是都可以窥见到现代建筑理论进展之一斑吗？

　　"理论"一书基于科学"工具"和建筑"目标"的统一，深刻揭示了建筑结合科学的重要性和必然性。由此表明：西方现代建筑无论在其哲学观还是方法论上，都正在经历一场新的前所未有的科学觉醒乃至科学革命。一切脱离科学观念和手段，仅凭个人经验和感性直觉对待建筑及其创作的传统方法，在日益复杂的建筑目标和问题面前，已经变得越来越难以适应了。严酷的现实迫使建筑师们重新思考和处理建筑与科学之间的相互关系，焕发科学精神和运用科学武器，以便主动迎接和有效应对当代信息文明对建筑提出的一切挑战。这就难怪罗西这位意大利新理性主义和建筑类型学的倡导者，声言要"把建筑称为科学"了——在他看来，"科学"一词作为一种现代建筑精神和理性思维方法，将会对一切过时的建筑"信条"带来"冲击"。

　　20世纪60年代以来，西方建筑继现代主义之后，经历了建筑结合科学的重大变革。"理论"一书高度评价了这种变革，并把它称为现代建筑的"第二次突破"。如果说"第一次突破是1824～1856年间水泥和钢铁的运用以及本世纪初工业革命带来的建筑革命"，那末，"第二次突破就是本世纪60年代后,设计论点由简洁艺术处理转变为科学的分析与技术表现"。联系到现代中国建筑及其设计创作,我们将如何看待西方现代建筑的这两次"突破"、特别是以建筑广泛结合科学为内容的"第二次突破"呢?学习"理论"一书,回顾现代建筑所走过的历程,面对当今建筑结合科学所取得的新成就,我们便不难得出结论。

二、现代建筑与科学相结合的广泛性

科学的价值在于发现。我们的时代正在经历着以伽里略、牛顿为代表的物质机械论到现代电子信息论的巨大转变。物理、数学、天文、几何、力学、生物、化学、生态、生命等自然科学领域的新发现,以及系统论、控制论、信息论等新兴科学理论的崛起,不但影响和促进了哲学、美学、社会学、心理学、人类学等人文科学的发展,而且也在改变着人类的整个社会生活质量和生活进程,自然也在改变着与人类生活密切相关的建筑学科和建筑理论。"理论"一书的研究表明:今日的建筑学正在日益明显地走向建筑科学,今日建筑理论正在名符其实地变成建筑科学理论,且以其空前未有的科学广度展现在人们的面前。

感谢"理论"一书的作者,他们以宽广的学术视野,以全景式的理论宽容,向我们充分展示了现代建筑理论的这一科学广度,从而顺应了建筑学发展的最新趋势。

"理论"一书的篇幅确实宏大,内容的确宽广,但她的"宏大"和"宽广"主要还不在于其"量",而在于其"质"。同以往同类有关现代建筑理论著述的最大不同是,该书以占全书几乎3/4的篇幅用于对当今各种新兴建筑学科的阐发,诸如环境心理学、建筑心理学、现代建筑美学、建筑现象学、行为建筑学、建筑符号学、建筑类型学、形态学和结构主义、新陈代谢和共生理论,以及诸如计算机辅助建筑设计、图式思维、模式语言、现代建筑设计方法论等各种方法理论。而有关文脉主义、隐喻主义、后现代建筑思潮和晚期现代建筑思潮等流派理论,其专门篇章却只压缩在约占全书的1/4。这是不是意味着褒此贬彼呢?不,"理论"一书作者的主旨,恰恰是在科学理论意念的趋使下,在突出基本建筑科学理论内容的基础上,从不同学术视角去揭示现代建筑与科学相结合的全面性和广泛性。

一是建筑流派理论和建筑基本科学理论的广泛性结合。以"主义"、"思潮"、"形式"、"风格"为特征的流派理论,作为西方现代建筑文化的晴雨表,作为建筑思想交锋激战的前沿阵地,在现代建筑理论进展中所起的重要作用,仍然不容忽视。对此,"理论"一书作了高度评价,并在书中的前面部分,以醒目显著的位置,对后现代、晚期现代等各种建筑思潮充分地、广泛地展开了论述。问题不在于对流派理论的专题本身所做的篇幅"压缩",而在于除此之外,通过大量章节,对其理论的哲学和科学背景所做的广泛揭示。一方面,各种"主义"、"思潮"等流派理论无不以相应的各类哲学、科学理论为支持,从而奠定了自身的科学理论基础;另一方面,各类建筑基本科学理论又从现实的"主义"、"思潮"等流派理论中得以检验和实证,因而使基本理论方法研究和其实际应用得到了广泛的结合。这样,作为建筑思潮流派理论的内容,贯彻在书中,就不仅显示出它的深层理论内涵,而且展现出它的极其宽广的理论外延。

二是建筑哲学观和设计方法论的广泛性结合。这是"理论"一书为现代建筑理论所划分的两条主线,并以壁垒分明、条分缕析的篇章架构了两大块理论体系——由建筑思潮、建筑学派、当代建筑美学、建筑心理学和建筑现象等等所构成的建筑哲学思想体系,以及由行为建筑学、建筑类型学、建筑符号学和建筑形态学等等所构成的建筑设计方法论体系。二者相互区分又相互联系,最终广泛地统一在"建筑结合科学"的总体理论框架中。统观"理论"一书,建筑的"哲学观"和"方法论",表现在具体理论内容中,二者虽有区分,但其间的理论关联却难以割裂。文脉主义反映了某种以结构主义哲学和语言学为内涵的整体建筑观,但同时也体现了一种从城市和历史环境出发处理建筑问题的设计思维方法;隐喻主义,作为一种建筑观,它反映了某种文化释义主义和人文主义的哲学内涵,但同时也体现了赋予建筑以某种抽象和象征喻意的语言符号学的创作方法。其它如环境与建筑心理学、建筑现象学、建筑生态学等,在书中虽从属于"建筑哲学思想"的宏观理论范畴,但也处处渗透着某种建筑设计方法论的内容。反之,行为建筑学等是书中作为某种"设计方法论"论述的重要理论章节,但是它不仅是一种具体的设计评价和设计操作方法，而且也反映了某种人本主义的建筑哲学观。其余诸如保罗·拉修的"图式思维"、亚历山大的"模式语言"等，无不是科学理性的建筑哲学观和设计方法论的共同结晶。翻阅"理论"一书的第533页，正是在题为"西方建筑设计方法论的启示"这一节，作者明确论述了有关"建立新的建筑观"之与掌握科学设计方法的重要关系，强调指出："只有建立新的建筑观，建筑师才有可能把利用新科学、新技术和探讨新的设计方法当成一种自觉的行动，也才能设计出合乎时代需要的高质量的建筑来。"由此可见，"理论"一书结合各种建筑哲学思想广泛论述了各种科学的设计方法论，又结合各种科学的设计方法论广泛论述了各种建筑哲学思想，这种辩证的、动态的、整体的研究分析方法，能够大大加深人们对西方现代建筑理论的综合认知和全面理解。

三是建筑学和相关学科理论的广泛性结合。我国著名科学家钱三强指出："从本世纪末到下世纪初将是一个交叉学科的时代。"(转引自本书)如果说这是对整个时代学科交叉和渗透所做的一个高度概括，那末，如今发生在建筑理论领域的学科交叉和渗透，便是这种科学发展的一面闪闪发光的镜子。是否可以这样说，今天已经没有哪门学科能够像建筑学那样恰好典型地处在人文科学、自然科学和技术科学的交叉口上。这乃是由建筑学科的特殊性质和地位所决定。正如"理论"一书所指出，对于今天的建筑学问题无论是单一的自然科学还是人文科学均无法作出完整的回答，建筑活动涉及到的是一场"历史的跨学科、跨文化的交谈"，而展开对话交谈的基础则是它们之间的"共同语言"。显然，这"共同语言"不是别的，正是"理论"一书所分门别类翔实讨论的各种"跨学科"、"跨文化"的科学建筑理论。纵观当今世界，现代建筑理论正以前所未有的现实宽度和历史广度，跨入了建筑"交叉学科的时代"。学科的广泛交叉和渗透将使建筑理论和创作活动向着新的"多学科性"和"科学化"方向发展，并进而在整个建筑学领域内引发某种"科学的突破"。面对此情此景，作为中国建筑师，我们不能"坐井观天"、"抱残守缺"，而应放眼世界，面向未来，主动跟上建筑科学前进的步伐。

三、建筑与科学相结合的深刻性

科学之与建筑，各相关科学之与现代建筑理论的结合，在20世纪特别是其后半叶50年中所起的重大作用，已毋庸置疑。那末，科学能够解决建筑中的一切问题吗?科学能够拯救建筑中的一切危机吗?我们又当如何看待科学技术这把锐利"双刃剑"的作用呢?人们看到，"理论"一书在揭示建筑结合科学的必然性、广泛性的同时，却并没有回避这种结合过程中的矛盾性。书中所提到的"科技万能论"、"科学图腾论"，便是作者以批判的眼光对此所发出的理论警告。

"理论"一书的研究表明：一方面，高度发达的现代科学技术之与建筑发展，的确已经到了极其广泛、密不可分和异乎寻常的境地，故此必须承认和正视"科学方法解决问题的高效"，必须要把建筑及其环境价值"建立在科学基础之上"，并尽快从反科学的"主观枷锁中解脱出来"；另一方面，又必须关注建筑进展中出现的那种"高科技成就与文化危机"、"以技术为主宰的工业文明与人对立"所带来的"人的异化"等等。那末，怎样认识建筑结合科学过程中的这一悖论呢?提出这一"悖论"是否会降低乃至抵消"科学"二字在现代建筑理论进展中所起的重大作用?不，它恰恰是为人们理解这一问题提供了一种新的科学思维方法，从而深化了问题的讨论。"理论"一书所展现的"建筑结合科学的新成就"究竟"新"在哪里呢?新就新在她不但揭示了建筑结合科学的必然性和广泛性，而且还通过对其与环境、人、艺术等诸多辩证关系的把握，进一步揭示了建筑结合科学的深刻性。

一是对"建筑、科学与环境"关系的深刻揭示。同正统的现代主义建筑相比，当今建筑最显著的进展之一乃是对环境问题的高度重视。表现在创作方面，主要是重新唤起环境意识，以典雅的、粗野的、象征的、文脉的、乡土的、历史的、生态的、自然的等各种不同的环境思维方法和建筑风格，力求达到建筑与环境的整体结合和多样统一；表现在理论上，则是引发和促进各种建筑环境科学或类环境学科的兴起。今天的建筑学，已不再停留在50年代末期CIAM宣告解体乃至1977年《马丘比丘宪章》发布之时那种对环境问题的"争论"、"呼吁"或"宣言"阶段了，而是已经跨入了一个系统探索环境理论和创立环境科学的时代。有关环境问题的研究，在"理论"一书中，已经成了透析各种现代建筑理论的焦点，已经成了贯通各种现代建筑理论的脉搏。书中的理论构架和内容，从建筑哲学观到设计方法论，从建筑应用理论到设计基础理论，几乎无不突出了建筑、科学与环境的结合。至于在"当代西方建筑美学"、"建筑现象学"、"建筑心理学"、"环境心理学"和"建筑类型学"等篇章中，有关对海德格尔、拉普卜特、诺·舒尔茨、林奇、罗西等人的居住文化环境理论、环境场所和场所精神理论、城市意象理论、城市建筑类型理论及认知地图理论等内容的讨论，其材料运用更是丰富翔实，理论剖析也更加深入细致，从而使这种建筑与环境结合的科学研究得以升华，达到了人情心理境界和环境哲学高度。路易·康说过，"思索有意义的空间，并创造一个好的环境，这就是你的创造"。他同许多现代建筑师一样，虽提出了"环境创造"这一重要建筑命题，但要真正从理论上加以系统解决，只有依赖于建筑与现代科学的结合了。

二是对"建筑、科学与人"的关系的深刻揭示。环境与人，是今日建筑学的两大主题。建筑师借助科学手段创造出美好环境，最终还是为了满足人的物质和精神生活需求。人，只有作为生物有机体的人和作为社会有机体的人，才是建筑与科学研究的真正对象。同以往某些同类著述的显著不同是，"理论"一书虽然着重架构了建筑、科学与环境的主要理论脉路，但是最终突出的还是作为科学服务对象和作为空间环境灵魂的人，即那种如布鲁诺·赛维所说的体现"肉体和灵魂相结合的整体的人"。可以说，"见物见人"、"人物一体"，成了这部学术巨著的鲜明理论特色。对于建筑、科学与人的关系问题，该书主要是沿着三个方面的理论系统展开的。首先，在有关各种建筑思潮和学派、特别是"多元论"思潮的论述中，该书突出把握了建筑"文化多元"和人类"生活本源"的关系，即透过各种多元建筑文化现象的分析而直达人的"意愿"、"口味"、"情趣"等精神层面，从而深入揭示了建筑的"为人"本质。而就建筑基本科学理论而言，主要是依据西方有关科学研究材料，沿着以下两大系统来展开对建筑、科学与人的关系的论述的：一是借助科学实验和实际观察，从人的感官对建筑的"直觉"、"感知"、"体验"和"反应"等机能去研究，从而得出重要的问题是"环境如何适应人"而不是"人如何适应环境"的深刻结论。这是一种

主要以建筑心理学为代表的科学实证方法，因而受到"理论"一书的充分肯定。二是借助哲学思考和人文分析，从人的"意志"、"观念"、"存在"、"意义"、"本质"乃至"生命本源"等主体性因素去研究，从而揭示了建筑、科学与人的本体关系和内在逻辑关联。这是一种以主体审美学、存在主义哲学和建筑现象学为代表的理论思维方法，在"理论"一书中同样受到高度重视。所有这些，"条条大路通罗马"，它们都反映了坚持"科技以人为本"的建筑理论之道。当然，就有关"科学与人"的关系而言，一经涉及到"人"，就不仅是一个"科学"的问题，有时而而完全不是一个"科学"问题，对此必须要有足够认识。值得注意的是"理论"一书以强调语气提出了一个令人深思回味的问题："人们理解建筑，建筑理解人们吗？""建筑理解人们，人们理解建筑吗？"该书的研究表明，尽管现代建筑的科学理论已经取得重大进展，但是要真正达到"人理解建筑"和"建筑理解人"的崇高目标还是任重而道远。这也是摆在中国现代建筑面前的一项重要任务。

三是对"建筑、科学与艺术"关系的深刻揭示。提起建筑与科学，必然涉及到建筑的艺术性问题。如何认识建筑学领域中科学与艺术之间的相互关系呢？"理论"一书对此虽未作重点论述，但从其所涉及的有关建筑艺术的理论内容看，"艺术"一词与"科学"一样，它们在现代建筑理论中都占有独特的位置。尽管建筑的科学性问题贯穿在全书中，具有不可替代的意义，但它却并没有任何贬抑或损害建筑艺术的意思，相反，通过对某些现代建筑艺术观点的引伸和研究，却进一步深化了建筑结合科学问题的讨论。书中引述了海德格尔的存在主义的艺术观点："真正的艺术品具有揭示存在真理的功能。本真的建筑就是这样的艺术品。"书中还引述了诺伯格·舒尔茨的现象学艺术观点："建筑是生活法则和艺术法则共同产生的人类杰作"，建筑的"场所是具化人们生活状况的艺术品"，作为艺术品，它具有感染、鼓舞和激动人心的力量"。看来，科学和艺术问题，在建筑领域中，在现代建筑发展中，乃是一种真实的存在，也是一个难以回避的理论和现实命题，因而构成了现代建筑理论的又一悖论。至于如何看待这一"悖论"，"理论"一书虽未作出具体判断，但是留给人们思考的不正是表现在这种建筑、科学与艺术相结合的客观分析之中吗？今天的时代，是

建筑科学高度发达的时代，也是建筑科学与建筑艺术高度融合的时代。高技术需要高情感去平衡，高科学需要高艺术去弥补。其关系，正如英国建筑史家B·阿尔索普所指出：“建筑是一种艺术”，但建筑不单是一种艺术。或曰：建筑是科学的艺术，建筑也是艺术的科学。

总起来说，由刘先觉教授主编的《现代建筑理论》一书，对建筑结合科学的新成就，特别是对有关建筑与科学相结合的必然性、广泛性和深刻性所做的揭示，使我们对西方现代建筑理论的认识大大前进了一步。那末，其中又有哪些主要经验值得我们重点学习和借鉴呢？我认为主要有以下三点：

其一，要学习、借鉴现代建筑理论中所蕴含的科学态度和科学精神。西方现代建筑理论，诸子百家，学派林立，其中不乏有唯理唯情、唯实唯形、唯物唯心之别，乃至明显植根于主观唯心主义哲学体系者亦大有人在，但不问其何家何派和何种理论，不问现代、后现代和晚期现代，其普遍特征是在建筑理论和创作活动中所表现出来的严谨执著的科学态度和创新求是的科学精神。即使是解构主义建筑的“非理性”形式背后，“仍浸透着不可变动的严谨”，而“大量性建筑多数还是沿着现代建筑实用主义的道路发展”。因此，学习借鉴西方现代建筑及其理论，既要看到其“有形的”科学技术及其艺术表现的一面，更应看到其“无形的”科学态度和科学精神的一面。正如“理论”一书所强调指出：我们“没有必要紧跟西方风起云涌、变化无常的建筑风格，需要学习的是西方对建筑追求的执著和严谨”。

其二，要学习、借鉴现代建筑理论的科学观念和科学方法。西方现代建筑的多元化倾向，往往使人感到眼花缭乱，莫测难辨。但是，透过现象看实质，仍然能够使我们看清并把握其科学观念和方法的新特点及大趋向。这就是所谓“双峰对峙”的科学主义和人文主义、理性主义和浪漫主义，在新形式下正在越来越趋于互补、交融和统一。一些“非理性”乃至“非科学”思潮的出现，这不是科学观念和理性方法的退却和失效，而是其观念和方法的完善及深化。正如书中所引述的那句马克思的名言所表明：“理性永远存在，但不永远存在于理性形式之中。”显然，科学也将永远存在，但并非永远存在于科学形式之中。科学和理性，作为建筑观念和设计方法理论上的鲜明旗帜，尤其值得中国建筑师学习和效法，问题在于要建立符合中国实际需要的、具有真正科学意义并融入了人文内涵的现代建筑观和设计方法论，还需要我们做出很大的努力。

其三，要学习、借鉴现代建筑理论的科学应用和科学实践。重视理论的科学应用和科学实践，实现建筑理论和创作实践活动的统一，是西方现代建筑与科学相结合取得新成就的重要原因之一。由“理论”一书可以看出，其理论与创作实际的结合主要表现为三种形式：一是从总体上看，表现为理论结合创作的同步性，即理论研究和创作活动大体保持平行和平衡关系，一种思潮的出现总有一种理论著述与之相伴而生，此为现代建筑中的应用性理论。二是从长远看，表现为理论结合创作的超前性，这是一种为建筑创作活动特别是为其长远和未来发展提供基本哲学观和方法论依据的科学理论，可称之为现代建筑中的基础性理论。三是从现实创作活动看，表现为理论结合创作的互动性，这是指大量开业建筑师和设计事务所运用理论思维所从事的理论结合创作的双向活动，其理论观点未必以著述形式出现，但却鲜明地体现和渗透在其设计作品中，故此可称之为现代建筑中的应用性理论思维。所有这些，都以不同形式体现了现代建筑理论的科学应用性和科学实践性。丰富的创作实践活动，才是建筑理论的真正源泉，也是建筑理论的最后归宿。我们要学习借鉴西方现代建筑的科学理论，更要学习其科学的实践精神。从某种意义上说，现代建筑理论的科学精神，也就是现代建筑的科学实践精神。

当然，事物总是不断发展的。我们在高度评价“理论”一书在揭示现代建筑理论的科学成就方面所做出的重大贡献的同时，也应当看到其理论进展中所出现的某些新课题、新领域，如智能建筑、建筑节能、环境保护以及建筑与环境的可持续发展等科学理论，均有待于进行新的开拓和研究；此外，作为21世纪建筑学重要发展方向的建筑生态学理论，我们也期待着在这方面有更加全面系统的研究成果问世。尽管如此，抑或如该书前言所提到的书中还有某些“难臻完善”之处，但“理论”一书所推出的现代建筑理论研究成果，其理论内容之丰富、学术价值之重大，均为近年来所罕见。感谢刘先觉教授及他的合作者们，他们以自己的辛勤耕耘，为我们造就了一项浩大的建筑文化和理论建设工程，从而也为我们学习和借鉴西方现代建筑理论提供了难得的科学文本。

（本文中有关摘自《现代建筑理论》一书的引语，恕不一一注明其所在页数）

汪正章，合肥工业大学建筑系教授

用精神的动力和心灵的梦想造就奇迹

——记加拿大籍伊朗裔建筑师法理博·萨巴

傅 兴

中国有古话云"十年磨一剑"及"皓首穷经"。可是在急功近利或者称"光速发展"的今天，简约便捷代替了精雕细刻，浮躁喧嚣代替了沉稳庄重。如果有人告诉您在20世纪的今天有位建筑师花10年的时间在一个建筑项目上，您会相信吗?这位建筑师确实存在，他花了20多年的时间完成了两个项目。他就是加拿大籍伊朗裔建筑师法理博·萨巴(Faribortz Sahba)。

萨巴先生1948年生于伊朗，1972年自德黑兰大学艺术系获建筑学硕士学位。他是这样描述他的童年的："当时我们住在偏远的农村。父亲在外工作，母亲在家做手工活补贴家用。巴哈伊信徒是受到歧视的，所以我们很少外出，在家中由父母给我们启蒙教育。按巴哈伊教规，教育是必需的，尤其是女孩子的教育——因为女子将来会成为母亲，受过教育的母亲对家庭对后代的影响是不可估量的。所以巴哈伊教家庭的小孩都要受教育，如果家庭经济状况只允许一个孩子上学，那末家里的女孩子有优先权。"尽管家里当时的经济条件不好，萨巴先生的父母仍然让萨巴和他的姐姐都进入了学校。

"我第一次听说建筑物和建筑师是在我很小的时候，父母给我们描述金碧辉煌的建筑和受人景仰的建筑师。在当时的乡下，农民的住宅和村里的清真寺都非常矮小，唯一一座称得上高大的建筑物是村边的一个谷仓。当父母讲到某些建筑物的高大雄伟时，我脑中显现的就是那个谷仓。"可幸的是这并没有影响萨巴先生对建筑师职业的憧憬。他当时就发下豪言："我长大了也要当建筑师!"这也许还要归功于伊斯兰世界对建筑师的尊敬。例如，在土耳其伊斯坦布尔索非亚大教堂中，有一座后修的苏丹亭廊。在亭廊的下方悬挂着一个标示牌，特别注明建筑师的名字和建成的年代。

1972年，法理博·萨巴于德黑兰大学艺术系毕业，获建筑硕士学位。他的毕业论文《应急建筑》获系最高荣誉奖。对校园生活的回忆，萨巴记得最多也获益最多的是课余打工。打工的第一目的当然是赚钱补贴学费。

因为学的是建筑，他一般都是在建筑事务所做一些基本的查资料、搭建模型等工作。基础的实践使他比其他同学对建筑有了更系统更敏锐的了解，更深刻更直接的热爱。天赋的才智，完善的教育，加上勤奋的实践，使他在还没有毕业时就已经在几家著名的建筑事务所任助理建筑师或助理项目负责人了。打工为他的研究和将来的职业生涯作了最好的铺垫。

1974年，萨巴先生因设计低成本住宅而获伊朗住宅建设部嘉奖。1975年，他被任命为建设伊朗最大的文化中心——位于大理石宫的那格瑞斯坦文化中心——设计小组负责人。作为几家建筑事务所设计小组的领头人，萨巴先生参与设计了许多不同类型的卓有声誉的建筑，包括位于伊朗首都德黑兰的手工艺制作和艺术创作中心，位于中国北京的伊朗大使馆，位于伊朗码萨市的码萨新城区，位于伊朗沙南达的巴列维文化中心，位于伊朗沙南达的艺术学院等。

1976年，印度巴哈伊灵体会决定在新德里建造一座巴哈伊灵曦堂。全世界巴哈伊的行政管理机关共收到45个竞争方案。最终萨巴先生的设计获得了认可。为了使设计能够较好地得以实现，他又承担了项目经理的职责，全面负责此项目的建设。

作出参赛方案之前，萨巴先生特地去印度次大陆作了一次旅行。在一个阴雨绵绵的早晨他来到泰姬陵参观。一个当地的导游坚持要为他作向导。萨巴先生一开始拒绝了这个导游，因为他并不是游客，他要仔细地考察整座建筑。但是最终他还是接受了这个导游的服务。令他惊奇的是，这个导游并没有想像中的那样只是为了维持生计而泛泛地指指点点，却充满感情生动地介绍着每一处角落，讲述着每一个传说。萨巴先生意识到，真正完美的建筑不是建在地上，而是建在人的心里。建筑物不应成为建筑师的纪念碑，而应方便和谐地与使用它的人、欣赏它的人、住在它周围的人交流。

通过这次采风，萨巴先生发现在印度的所有建筑中都能看到宗教的清晰而独特的根源。那些涵义丰富、影响深远的象征符号在建筑物或建筑物的装饰上，甚至在建筑物所处的环境中比比皆是，它们的灵感来自人民的宗教信仰。这些信仰是印度人民生活的一个有机组成部分。在这样的背景下，建筑师对巴哈伊灵曦堂的设计要处理好两个问题。根据巴哈伊教的著作，灵曦堂应成为巴哈伊信仰的表征，体现这一新宗教启示的简约、明晰和饱满明朗的生气。另一方面，为了表现对旧有宗教信仰中基本信条的尊崇，它必须时时处处宣明巴哈伊教的基本原则，即所有宗教中的神、上帝或其他称谓，都是同一起源。巴哈伊教尽管有许多新的特征，也不应该脱离印度人民的生活，而应对他们尊重和关爱。

对印度和印度建筑的研究清晰地显示出，尽管不同庙宇的外部表现形式不尽一致，我们总能发现一些被印度所有宗教都视为神圣和天授的代表的特殊庄严的符号。这些符号甚至传到其他国家和宗教，如伊斯兰教，莲花就是这样的一个符号表征。

在设计巴哈伊灵曦堂时，莲花被以一种前所未有的形式表现了出来。传统的方法是将莲花作为庙宇墙壁的基本装饰或作为一些神祇的座台。萨巴先生却是将整个莲花的造型作为建筑的外部表现形式，九个喷泉像莲花下随波漂流的叶片环绕着整座灵曦堂。外部照明的安排亦是力图使这朵莲花若载浮载沉于水面。莲的九个花瓣分为三组，在一个基座上绽开，使整个建筑擢升于周围的平原上。前两组花瓣向内弯曲，形成内部的穹隆；第三组花瓣折而向外，形成灵曦堂九个入口的雨篷。所有的花瓣均是由白色的钢筋混凝土浇筑而成的，外表覆以白色大理石。其表面轮廓和造型的完成符合几何学原理。构成内部穹隆的两组花瓣的设计灵感来自莲花最内层的部分，由54个肋拱和相邻的混凝土壳体构成。环绕中央大厅共有九个拱门，为整个上部结构提供主要支持。

从1976年到1987年，萨巴先生与大约700人的施工队伍一同驻守在工地现场。灵曦堂完成后，举世震惊，被誉为"20世纪的泰姬·玛哈"并获得多项世界大奖，被加拿大著名建筑师阿瑟·爱瑞克森誉为"我们这个时代最卓越的成就，证明精神的动力和心灵的梦想确能造就奇迹"。

受巴哈伊世界中心委派，他接着承担了卡梅尔山梯田花园的设计建设工作。同时，他亦被任命为卡梅尔山上所有巴哈伊世界中心建筑工程的工程负责人。这一6万m²的工程包括一个研究中心、一个国际顾问会议中心和一个图书馆。

以色列北部的海港城市海法市距黎巴嫩边境仅44km。与圣城耶路撒冷和首都特拉维夫不同的是，它以其发达的工业，繁忙的海港和多种族多信仰的居民而著称。海法市依山傍海而建，迤35km的卡梅尔山（Mount Carmel，旧译迦密山）横亘城市中心，被犹太教徒和天主教徒视为圣山。在希伯莱语中"卡梅尔"意为"上帝的葡萄园"，在《圣经·旧约全书·雅歌》中有这样的诗句"你的头颅俊美像卡梅尔山"。根据圣经记载，大约三千年前，先知义赛亚（Prophet Isaiah）和以利亚（Prophet Elijah）就曾先后在卡梅尔山居住。如今，卡梅尔山以其建在半山中的巴哈伊花园和建筑群而受到世人瞩目。与陡峭多石的山坡相比，巴孛陵寝梯田花园就像是悬空而建。

苍翠、简洁、细致和对称是经典波斯花园的设计准则，也是巴孛陵寝花园的风格。在新建的18层梯田平台花园中仍贯彻这一理念。整个梯田花园从山顶到山脚延伸达一公里，垂直高度达225m，最大坡度达63°。其宽度从60m到400m。在陵寝平台以上和其下各有九级梯田平台花园，设计为九个同心圆，从陵寝，即中央的金顶大厦，发散出来。主要的通道位于花园的中心，由台阶将各层平台串联起来。每一层平台都设计有对称的喷水池、石雕花盆和花床，而每一层的细节，如铁艺大门的雕花，喷水池的形状，花床的位置等，又各有特色。与陵寝花园相比，梯田花园的设计更鲜活生动，梯田平台规则的路径两侧都是由不规则的植物分布的地景花园，再造了这一地区的自然景观，以当地的树种和野生花草为特征。萨巴先生指出："在地景设计中我们的基本理念不仅仅是为了增加巴孛陵寝的庄严壮美而创造出许多花园，还要有生态学和环境保护的考虑。设计中我们也采用了花园所在地——地中海地区的一些适当的特点，尤其是自然的生态特色。"

除了生态的考虑外，花园对色彩的重视亦极为突出。例如，春末蓝花楹树、地牵牛、矢车菊等占主导地位的粉紫，夏天在大理石花盆中的天竺葵和轴线坡道两侧花床中的凤仙花盛开的火红。不同季节开放的花卉与不同颜色的小径，青草地和树木组合成一幅一年中不断变换着色彩与美姿的织锦绣。当地气候干燥炎热，土壤呈碱性，经过向

（下转第73页）